刘晓东　陈保光　赖永梅　编著

中国农业科学技术出版社

图书在版编目（CIP）数据

青岛市园林树木病害图鉴 / 刘晓东，陈保光，赖永梅编著 .—北京：中国农业科学技术出版社，2015.1

ISBN 978-7-5116-1972-3

Ⅰ. ①青… Ⅱ. ①刘… ②陈… ③赖… Ⅲ. ①园林树木—病虫害防治—图集 Ⅳ. ① S436.8-64

中国版本图书馆 CIP 数据核字（2015）第 008142 号

责任编辑 姚 欢
责任校对 贾晓红

出 版 中国农业科学技术出版社
北京市中关村南大街 12 号 邮编：100081
电 话 （010）82106636（编辑室）
（010）82109702（发行部） （010）82109709（读者服务部）
传 真 （010）82106631
网 址 http：//www.castp.cn
经 销 各地新华书店
印 刷 北京富泰印刷责任有限公司
开 本 710 mm × 1000 mm 1/16
印 张 7.625
字 数 160 千字
版 次 2015 年 1 月第 1 版 2015 年 1 月第 1 次印刷
定 价 68.00 元

《青岛市园林树木病害图鉴》

编　委　会

顾　问： 郭仕涛　张成丕

主　编： 刘晓东　陈保光　赖永梅

副主编： 吕南楠　董晓彤　封立平　王　静

编　委： （以姓氏拼音为序）

陈　丹　冯　超　盖如冰　李金鹏　李云德　李子环

刘克清　刘淑芹　钱华锐　荣旭生　申莉莉　孙　敏

孙　韬　孙咏志　王宝杰　王连刚　王　琳　王璞婧

王万波　王　颖　武宁龙　杨金广　杨兢书　袁　磊

张成省　张玉华　甄殿波　邹　颖

前言

随着国民经济的发展，地方政府对城市园林的投入不断加大，如何营造一个健康、环保、宜人的城市环境成为当前各级政府的头等大事。然而，一方面随着城市对外开放步伐的不断加快，人流物流增加，危险性有害生物侵入增多，导致园林植物安全和可持续发展受到威胁；另一方面园林植物病虫害防治工作存在各自为政，行动不统一，盲目用药，防治滞后等不规范、不科学现象，致使病虫害抗药性越来越强，发生周期越来越短，为害程度越来越严重，对生态环境造成较大破坏。

俗话说，“三分种，七分养”。园林树木的增加固然是绿化和美化环境的一项主要手段，但使树木健康的生长以发挥其最佳生态作用才是主要目的。我国城市园林植物病害已知的约有1 000多种，其中，影响较大的常见病害就有几十种之多，对园林植物为害性很大，且严重影响了景观效果。为了普及园林树木病害的防治技术，提高园林树木管护水平，最大限度的提高人民的生活质量，编者结合近20年的园林植保工作经验，深入各景区、公园、绿地、居民庭院等进行调查研究，参阅了大量的参考文献，拍摄了大量园林树木病害原色图谱，从中精选一部分，编写了《青岛市园林树木病害图鉴》一书。

本书以图文对照的形式介绍了为害青岛市园林树木常见的叶部病害80种、干、茎、枝部病害15种、根部病害7种，共计102种，169张原色图谱。详细介绍了病害的病原、寄主、形态特征、发生规律和防治方法等，在防治方面力求生态、环保、经济。希望本书能成为广大园林工作者、花卉爱好者、园林苗圃专业工作者的实用工具书。

本书由青岛市海滨风景区管理处、山东出入境检验检疫局食品农产品检测中心、中国农业科学院烟草研究所、青岛市农业科学研究院、青岛市植物保护站、青岛市林业局、青岛市果树园艺总场相关人员共同编写，在编写过程中，得到七家单位相关领导和部门的大力支持，特此感谢。

由于编者水平所限，错误和不当之处在所难免，敬请读者批评指正。

编　者

2014.11.16

目 录

第一章 叶部病害

第二章　干、茎、枝部病害

第三章 根部病害

第一章　叶部病害

园林植物叶部病害种类多于枝干及根部病害的总和。叶片感病后，叶上出现斑点状破碎，常引起早期落叶，消弱花木生长势，降低了观赏价值。真菌是叶、花、果病害最主要病原菌，细菌也是引起叶、花、果常见病原菌，病毒导致花叶、斑驳、变色、畸形等症状。叶部病害症状类型主要有：白粉病、锈病、炭疽病、叶斑病、灰霉病、煤污病、叶变色、叶畸形。防治方法主要是加强养护管理，合理的修剪、施肥、浇水等，及时清除病源，增强生长势，提高抗病力，同时，结合必要的化学防治就能够收到满意效果。

1. 紫玉兰白粉病

紫玉兰白粉病病原为（*Bulbomicrosphaera magnoliae*），属于子囊菌亚门核菌纲白粉菌目白粉菌科球叉丝壳属。

紫玉兰白粉病

【寄主】紫玉兰。

【症状】发生于叶片上，叶片两面布满白粉，使叶片皱缩，后期在叶面着生许多黑色小点，即病原菌的子囊壳。

【发病规律】病菌以闭囊壳在病残株上越冬。病害发生在春秋两季，一般以秋季较为严重，往往干旱、栽培管理不善时发病重。

【防治方法】

（1）加强养护管理，清除病源，及时清除落叶并烧毁。合理密植，注意通风透光，增施磷钾肥，少施氮肥，提高植物的抗性。

（2）发病初期喷洒 20% 粉锈宁乳油 800 ～ 1 500 倍液或 25% 丙环唑微乳剂 3 000 倍液等药剂。注意药剂的交替使用，以免病菌产生抗药性。

2. 悬铃木白粉病

悬铃木白粉病病原为（*Erysiphe platani*），属于子囊菌亚门核菌纲白粉菌目白粉菌科白粉菌属。

【寄主】英桐、法桐、美桐。

【症状】叶、茎均可受害，嫩叶正、反面常布满白粉，引起扭曲变形，嫩梢不发育。展开的叶子受为害部位主要在叶子的掌裂处，呈皱缩状，形成边缘无定形或

圆形的白色粉斑，严重时连接成片。大面积白粉病易引起悬铃木提前落叶。

悬铃木白粉病

【发病规律】悬铃木白粉菌为外寄生性真菌，病原菌以闭囊壳在落叶和病梢上越冬。当白粉菌侵入到悬铃木体内后，以菌丝的形式潜伏在芽鳞片中越冬，翌年待被侵染树体萌芽时（4～5月），休眠菌丝侵入新梢，闭囊壳放射出子囊孢子进行初侵染。在树体的表面以吸器深入寄主组织内吸收养分和水分，并在寄主体内扩展，待温湿度合适时，菌丝体和分生孢子开始大量繁殖传播，即再侵染，一年可侵染多次。每年4～5月和8～9月会出现2个发病高峰期。

【防治方法】

（1）适当疏枝，及时清理落叶、病枝，增施有机肥和磷钾肥，增强树势，提高抗病性。

（2）休眠期喷洒3～5度的石硫合剂，预防；展叶后，喷洒70%代森锰锌可湿性粉剂800～1 000倍液预防；发病初期喷施20%粉锈宁乳油1 500～2 000倍液，或70%代森锰锌可湿性粉剂和70%甲基托布津可湿性粉剂混合800倍液等药剂。

3. 紫叶小檗白粉病

紫叶小檗白粉病病原为（*Microsphaera berberidicola*），属于子囊菌亚门核菌纲白粉菌目白粉菌科叉丝壳属。

【寄主】紫叶小檗、小檗。

【症状】病菌主要为害紫叶小檗叶片和幼嫩新梢。发病初期时，先在受害叶表面产生白粉小圆斑，后逐渐扩大。在嫩叶上，病斑扩展几乎无限，甚至布满整个叶片，严重时还会导致叶片皱缩、纵卷，新梢扭曲、萎缩。在老叶上，病斑的发展形成有限的、近圆形的病斑，病斑上的白粉层可由白色至灰白色，病斑变成黄褐色。

紫叶小檗白粉病

【发病规律】病菌一般以菌丝体在病组织越冬，病叶、病梢为翌春的初侵染来源。病菌分生孢子萌发温度范围是5～30℃，最适温度为20℃。发病高峰期出现于4～5月和9～11月。在发病期间雨水多，栽植过密，光照不足，通风不良，低洼潮湿等因素都可加重病害的发生；温湿度适合可常年发病。

【防治方法】

（1）加强管理，控制种植密度，注意通风透光，以增强植物抗性；结合修剪整形及时清除病梢、病叶，以减少侵染源。

（2）发病初期喷施25%粉锈宁可湿性粉剂1 500～2 000倍液或70%代森锰锌可湿性粉剂800～1 000倍液等药剂，注意药剂的交替使用。

4. 金银花白粉病

金银花白粉病病原为忍冬叉丝壳（*Microsphaera lonicerae*），属于子囊菌亚门核菌纲白粉菌目白粉菌科叉丝壳属。

【寄主】金银花。

【症状】主要为害叶片，有时也为害茎、花和果实。叶上病斑初为白色小点，后扩展为白色粉状斑，后期整片叶布满白粉层，严重时，叶发黄变形甚至落叶；茎上病斑褐色，不规则形，上生有白粉；花扭曲，严重时脱落。

【发病规律】病菌以子囊壳在病残体上越冬，翌年子囊壳释放子囊孢子进行初侵染，发病后病部又产生分生孢子进行再侵染。温暖干燥或株间荫蔽易发病。施用氮肥过多，干湿交替发病重。

金银花白粉病

【防治方法】

（1）合理密植，注意通风透气；科学施肥，增施磷钾肥，提高植株抗病力；适时灌溉，雨后及时排水，防止湿气滞留。

（2）发病初期喷洒 15% 三唑酮可湿性粉剂 1 000 ～ 2 000 倍液或 12% 腈菌唑微乳剂 2 500 ～ 3 000 倍液等药剂。注意药剂的交替使用，以免病菌产生抗药性。

5. 刺槐白粉病

刺槐白粉病病原为刺槐叉丝壳（*Microsphaera robiniae*），属于子囊菌亚门核菌纲白粉菌目白粉菌科叉丝壳属。

【寄主】刺槐。

【症状】主要发生在叶两面，叶面多于叶背，叶两面初现白色稀疏的粉斑，后不断增多，常融合成片，似绒毛状，严重时布满全叶，后期常现黑色小点，即病菌闭囊壳。

刺槐白粉病

【发病规律】病菌以菌丝体在病组织内或芽鳞中越冬，翌年条件适宜时，产生子囊孢子进行初侵染，发病后病部产生分生孢子进行再侵染，使病害扩大。

【防治方法】

（1）加强水肥管理提高树势，增强抗病性；春季及时剪除分蘖，减少发病部位。

（2）冬季或早春植物休眠期可用 3 ～ 5 波美度石硫合剂喷雾，初春发芽期用 0.3 ～ 0.5 波美度液进行预防；发病初期用 25% 粉锈宁可湿性粉 1 500 ～ 2 000 倍液、12% 腈菌唑微乳剂 2 500 ～ 3 000 倍液或 70% 甲基托布津可湿性粉剂 1 000 倍液，每 10 天喷 1 次，连续喷 3 ～ 4 次。

6. 大叶黄杨白粉病

大叶黄杨白粉病病原为正木粉孢霉（*Oidium euonymi-japonicae*），属于半知菌亚门丝孢纲丛梗孢目丛梗孢科粉孢霉属。

【寄主】大叶黄杨。

【症状】主要为害幼嫩新梢和叶片，多发生于叶正面，叶发病时，先在嫩叶表面产生白粉小圆斑，后逐渐扩大，病斑逐渐扩展成圆形白粉层，老病斑上的白粉层变灰白色。严重时，整个叶片布满白粉，叶片皱缩、出现褪色斑块，甚至病叶纵卷，新梢扭曲、萎缩。

【发病规律】病菌以菌丝体在病残体上越冬，翌年春，在大叶黄杨展叶时和生长期，病原菌产生大量的分生孢子，传播侵染。一般发病高峰期出现于 4 ～ 5 月。

大叶黄杨白粉病

病斑的发展也与叶的幼老关系密切，随着叶片的老化，病斑发展受限制，在老叶上往往形成有限的近圆形的病斑，而在嫩叶上，病斑扩展几乎无限，甚至布满整个叶片。夏季高温不利于病害发展，至秋季病菌又产生大量孢子再次侵染为害。在发病期间，雨水多则发病严重；徒长枝叶发病重；栽植过密、光照不足、通风不良、低洼潮湿等因素都可加重病害的发生。

【防治方法】

（1）适当疏枝增强植株通透性，结合修剪时清除感病枝叶、病残体并加以销毁，减少第二年初侵染源。

（2）发病初期喷施 25% 粉锈宁可湿性粉剂 1 500 ～ 2 000 倍液、12% 腈菌唑微乳剂 2 500 ～ 3 000 倍液或 80% 代森锌可湿性粉剂混合 70% 甲基托布津可湿性粉剂 800 倍液，每 10 天喷 1 次，连续喷 3 ～ 4 次。

7. 枫杨白粉病

枫杨白粉病病原为臭椿球针壳（*Phyllactinia corylea*），属于子囊菌亚门核菌纲白粉菌目白粉菌科球针壳属。

【寄主】臭椿、枫杨、榛、毛瑞香、厚朴、核桃、桑、杞柳、八角枫、山楂、绣线菊、冬青、梓树、白杨、爬山虎等植物。

【症状】多发生于叶背，初期叶片上为褪绿斑，发生严重时，布满粉霉层，后

枫杨白粉病

白粉病病原闭囊壳

期病叶上布满黑色小点即病原菌的闭囊壳。

【发病规律】病菌以闭囊壳在病残体上越冬。翌年春暖，条件适宜时，释放子囊孢子进行初侵染，以后产生分生孢子进行再侵染，借风雨传播。此病发生期较长，5～9月均可发生，以8～9月发生较为严重。

【防治方法】

（1）及时清除病残株落叶并烧毁，减少侵染源。同时，注意通风透光，不宜栽植过密，增施磷钾肥，提高植株抗病力。

（2）药剂防治可在发芽前和生长期两个阶段进行，应注意避开植物的开花期和高温期（32℃以上）用药。冬季或早春植物休眠期可用3～5波美度石硫合剂喷雾，初春发芽期用0.3～0.5波美度液进行预防；发病初期用25%粉锈宁可湿性粉1 500～2 000倍液、12%腈菌唑微乳剂2 500～3 000倍液或用70%甲基托布津可湿性粉剂1 000倍液，每10天喷1次，连续喷3～4次。

8. 杨树白粉病

杨树白粉病病原为杨球针壳白粉菌（*Phyllactinia populi*）、臭椿球针壳菌（*Phyllactinia corylea*）和钩丝壳白粉菌（*Uncinula mandshurica*），属于子囊菌亚门核菌纲白粉菌目白粉菌科。

毛白杨白粉病

【寄主】欧美杨、黑杨、响叶杨及小叶杨等。

【症状】菌丝体可叶两面生，多数生于叶背。发病初期叶片上出现褪绿黄斑点，圆形或不规则形，逐渐扩展，其后长有白色粉状霉层（即无性世代的分生孢子），严重时白色粉状物可连片，致使整个叶片呈白色。后期病斑上产生黄色至黑褐色小粒点（即有性世代的闭囊壳）。病害发生严重时，叶片小，生长势衰

弱，影响绿化效果。

【发病规律】病菌以闭囊壳在落叶上和新梢的病部越冬。翌年春季，闭囊壳产生子囊孢子，成为初侵染源，分生孢子可进行重复侵染。一般 6 ～ 9 月发病，症状明显，秋后形成闭囊壳，其后逐渐成熟越冬。

【防治方法】

（1）及时清扫病叶及落叶并烧毁，以消灭菌源，减少来年初侵染源。

（2）加强管理，树木种植不宜过密，注意通风透光。新种植树木要加强水肥管理，提高树势。

（3）发病初期喷洒 1∶1∶100 波尔多液、0.3 ～ 0.5 波美度石硫合剂、12% 腈菌唑微乳剂 2 500 ～ 3 000 倍液或喷 70% 甲基托布津可湿性粉剂 800 ～ 1 000 倍液，每隔 10 ～ 15 天喷 1 次，连续喷 3 ～ 4 次。

9. 苹果白粉病

苹果白粉病病原为白叉丝单囊壳（*Podosphaera leucotricha*），属于子囊菌亚门核菌纲白粉菌目白粉菌科叉丝单囊壳属。

【寄主】苹果、海棠、山荆子、花红、秋子梨等蔷薇科植物。

苹果白粉病

【症状】主要为害实生嫩苗、大树芽、梢、嫩叶，也为害花及幼果。病部布满白粉是此病的主要特征。幼苗被害，叶片及嫩茎上产生灰白色斑块，发病严重时叶片萎缩、卷曲、变褐、枯死，后期病部长出密集的小黑点。大树被害，芽干瘪尖瘦，春季发芽晚，节间短，病叶狭长，质硬而脆，叶缘上卷，直立不伸展，新梢满覆白粉。生长期健叶被害则凹凸不平，叶绿素浓淡不匀，病叶皱缩扭曲，甚至枯死。花芽被害则花变形、花瓣狭长、萎缩。幼果被害，果顶产生白粉斑，后形成锈斑。

【发病规律】病菌以菌丝体在冬芽的鳞片间或鳞片内越冬。春季冬芽萌发时，越冬菌丝产生分生孢子经气流传播侵染。4 ～ 9 月为病害发生期，其中，4 ～ 5 月气温较低，枝梢组织幼嫩，为白粉病发生盛期。6 ～ 8 月发病缓慢或停滞，待秋梢产生幼嫩组织时，又开始第二次发病高峰。春季温暖干旱，有利于病害流行。

【防治方法】

（1）结合冬季修剪，剔除病枝、病芽；早春及时摘除病芽、病梢并销毁，减少菌源。

（2）加强养护管理，施足底肥，控施氮肥，增施磷、钾肥，增强树势，提高抗病力。

（3）发病初期用 25% 粉锈宁可湿性粉剂 1 500 ～ 2 000 倍液、12% 腈菌唑微乳剂 2 500 ～ 3 000 倍液、25% 丙环唑乳油 2 000 ～ 3 000 倍液或用 12.5% 烯唑醇可湿性粉剂 2 000 倍液，每隔 10 ～ 15 天喷 1 次，连续喷 2 ～ 3 次。

10. 月季白粉病

月季白粉病病原为蔷薇单囊壳菌（*Sphaerotheca pannosa*），属于子囊菌亚门核菌纲白粉菌目白粉菌科单囊壳属。

【寄主】月季、玫瑰。

月季白粉病

【症状】主要为害叶片、叶柄、嫩梢及花蕾。嫩叶发病初期，在正、反面产生白色粉斑，扩展后覆满整个叶片，后变成淡灰色，有时叶色变为紫红色，致新叶皱缩畸形。成叶发病初期，在叶上生不规则粉状霉斑，后病叶从叶尖或叶缘开始逐渐变褐，致全叶干枯脱落。叶柄、新梢染病，节间短缩、茎变细，有

些病梢出现回枯，病部表面也覆满白粉。花蕾染病萎缩枯死，丧失观赏效果。

【发病规律】病菌以菌丝体在病芽、病叶、或病枝上越冬。翌春开始发病，病菌随之侵染叶片和新梢。5～6月为17～25℃时是白粉病最适宜的温度，发病较重。8月高温不适于病菌生长发育，发病少。9～10月分生孢子大量繁殖，扩大再侵染。分生孢子在相对湿度97%～99%时萌发率高，相对湿度23%，也有少数仍可萌发，在水滴中萌发率很低。在温室终年均可发生，栽植过密或偏施、过施氮肥，通风不良或阳光不足易发病。

【防治方法】

（1）合理密植，注意通风透气；科学施肥，增施磷钾肥，提高植株抗病力；适时浇水，雨后及时排水，防止湿气滞留；冬季修剪时，注意剪去病枝、病芽，发现病叶及时摘除。

（2）冬季或早春植物休眠期可用3～5波美度石硫合剂喷雾，初春发芽期喷施1 : 1 : 200波尔多液，进行预防；发病初期用25%粉锈宁可湿性粉剂1 500～2 000倍液、12%腈菌唑微乳剂2 500～3 000倍液或用70%甲基托布津可湿性粉剂1 000倍液，每隔10～15天喷1次，连续喷2～3次。

11. 黄栌白粉病

黄栌白粉病病原为漆树钩丝壳菌（*Uncinula verniciferae*），属于子囊菌亚门核菌纲白粉菌目白粉菌科钩丝壳属。

【寄主】黄栌。

【症状】主要为害叶片。发病初期，感病叶片上产生白色针尖状斑点，逐渐扩大形成近圆形斑，病斑周围呈放射状，后期病斑连成片，叶面上布满白粉。受白粉病为害的叶片组织褪绿，影响叶片的光合作用，使叶片干枯早落。

黄栌白粉病

秋季叶片逐渐变成黄色至黄褐色、焦枯，最后病斑上着生黑褐色的颗粒状物，为病原菌的闭囊壳。

【发病规律】病菌以闭囊壳在落叶上或枝条上越冬，亦可以菌丝体形式在病枝上越冬。翌年闭囊壳吸水开裂释放出子囊孢子进行初侵染，病原还可以菌丝越冬，第二年雨季温湿度适宜时，直接产生分生孢子进行初侵染；生长季节以分生孢子进行再侵染。一般 5、6 月降雨早，发病亦早，反之则延迟。黄栌白粉病多从植株下部叶片开始发病，之后逐渐向树冠蔓延。植株密度大，通风不良发病重；生长在山顶的树比生长在窝风的山谷中的树发病轻；黄栌长势不良发病重；分蘖多的树发病重。

【防治方法】

（1）休眠期剪除病枯枝条并烧毁；加强水肥管理提高树势，增强抗病性；春季及时剪除分蘖，减少发病部位。

（2）冬季或早春植物休眠期可用 3 ～ 5 波美度石硫合剂喷雾，初春发芽期用 0.3 ～ 0.5 波美度液，进行预防；发病初期用 25% 粉锈宁可湿性粉剂 1 500 ～ 2 000 倍液、12% 腈菌唑微乳剂 2 500 ～ 3 000 倍液或用 70% 甲基托布津可湿性粉剂 1 000 倍液，每隔 10 ～ 15 天喷 1 次，连续喷 3 ～ 4 次。

12. 朴树白粉病

朴树白粉病病原为朴树白粉病菌（*Uncinula clintonii*），属于子囊菌亚门核菌纲白粉菌目白粉菌科钩丝壳属。

朴树白粉病

【寄主】朴树、小叶朴、柘树、梧桐、光叶榉、紫弹树等。

【症状】主要为害叶片。此病多在叶正面出现污白色粉层，似灰尘状，后期病斑上密布细小的黑色颗粒，即病菌闭囊壳。

【发病规律】病菌以闭囊壳在病残体

上越冬。翌年春暖，条件适宜时，释放子囊孢子进行初侵染，以后产生分生孢子借风雨传播进行再侵染。此病发生期较长，5 ～ 9 月均可发生，以 8 ～ 9 月发生较为严重。

【防治方法】

（1）加强水肥管理提高树势，增强抗病性；春季及时剪除分蘖，减少发病部位。

（2）冬季或早春植物休眠期可用 3 ～ 5 波美度石硫合剂喷雾，初春发芽期用 0.3 ～ 0.5 波美度液，进行预防；发病初期用 25% 粉锈宁可湿性粉剂 1 000 ～ 2 000 倍液、12% 腈菌唑微乳剂 2 500 ～ 3 000 倍液或用 70% 甲基托布津可湿性粉剂 1 000 倍液，每 10 天喷 1 次，连续喷 3 ～ 4 次。

13. 紫薇白粉病

紫薇白粉病病原为南方小钩丝壳菌（*Uncinuliella australiana*），属于子囊菌亚门核菌纲白粉菌目白粉菌科小钩丝壳属。

【寄主】紫薇。

【症状】主要为害叶片，且嫩叶比老叶容易被侵染，也为害枝条、嫩梢、花芽及花蕾。发病初期，叶片上出现白色小粉斑，扩大后呈圆形或不规则形褪色斑，上面覆盖一层白色粉状霉层，后期白粉状霉层会变为灰色。花受侵染后，表面被覆白粉层，花穗畸形，失去观赏价值。受白粉病侵害的植株会变得矮小，嫩叶扭曲、畸形、枯萎，叶片不开展、变小，枝条畸形等，严重时整株都会死亡。

紫薇白粉病

【发病规律】病菌以菌丝体在病芽、病枝条或落叶上越冬，翌年春天温度适合时越冬菌丝开始生长发育，产生大量的分生孢子，并借助气流进行传播和侵染。病害一般在4月开始发生，6月趋于严重，7～8月会因为天气燥热而趋缓或停止，9～10月再度重新发生。白粉病在雨季或相对湿度较高的条件下发生严重，偏施氮肥、植株栽植过密或通风透光不良均有利于发病。

【防治方法】

（1）对重病的植株可以在冬季剪除所有当年生枝条并集中烧毁，从而彻底清除病源。加强日常管理，注意增施磷、钾肥，控制氮肥的施用量，以提高植株的抗病性。

（2）冬季或早春植物休眠期可用3～5波美度石硫合剂喷雾，初春发芽期用0.3～0.5波美度石硫合剂喷雾进行预防；发病初期用25%粉锈宁可湿性粉剂1 000～2 000倍液、12%腈菌唑微乳剂2 500～3 000倍液或用70%甲基托布津可湿性粉剂1 000倍液进行防治，间隔12～15天喷1次，连续喷2～3次。

注意：使用唑类药剂防治时，幼嫩花木及草坪一定要注意使用的安全间隔期。不可加量和缩短间隔期使用，以免发生矮化效果。

14. 女贞叶锈病

女贞叶锈病病原为女贞锈孢锈菌（*Aecidium klugkidstianum*），属于担子菌亚门冬孢菌纲锈菌目柄锈菌科锈孢锈菌属。

【寄主】金叶女贞、日本女贞、金森女贞等各种女贞。

女贞叶锈病

【症状】发病叶片表面产生圆形褐色病斑，并逐渐凹陷，叶背面相应部分则隆起。病部叶肉增厚，呈黄色或紫红色，以后在隆起的病斑上生出许多杯状锈孢子器。锈孢子器在叶柄上也有发生，感病叶柄稍肿大。病情严重时，叶片呈畸形而枯死。

【发病规律】4～6月为病害发生盛期，春季多雨，有利于发病。山区苗木受害严重。

【防治方法】

（1）及时清除病叶，集中烧毁。

（2）休眠季节喷施1∶1∶200波尔多液或喷65%代森锌可湿性粉剂500～600倍液，预防；发病初期喷97%敌锈钠晶体250～300倍液，加0.1%～0.2%洗衣粉更好，或喷25%粉锈宁可湿性粉剂1 500～2 000倍液，每隔10～15天喷1次，连续喷2～3次。

15. 桑赤锈病

桑赤锈病病原为桑锈孢锈菌（*Aecidium mori*），属于担子菌亚门冬孢菌纲锈菌目柄锈菌科锈孢锈菌属。

【寄主】桑。

【症状】为害桑芽、嫩叶、嫩梢。嫩芽染病，病部畸形或弯曲，桑芽不能萌

桑赤锈病

发。新梢上的芽、茎叶、花椹染病，局部肥厚或弯曲畸变，出现橙黄色斑；叶片染病，在叶片正背面散生圆形有光泽小点，逐渐隆起成青泡状，颜色变黄，后呈橙黄色，表皮破裂，散发出橙黄色粉末状的锈孢子，布满全叶，故有“金桑”之称。新梢、叶柄、叶脉染病沿维管束方向呈纵条状扩展，出现弯曲畸形，表面均生有橙黄色锈子器，新梢上病斑逐渐变黑凹陷，桑花染病呈不规则膨大，桑椹染病失去原来光泽，变黄后期亦布满橙黄色粉末。

【发病规律】病菌以菌丝体在桑枝或冬芽组织内越冬。枝条上的病斑多为非致病性坏死斑，只有与枝条特别接近的叶痕、芽鳞上的病斑才能致病。病斑上的菌丝侵入桑芽，翌春随桑芽萌发，引致桑芽染病。桑芽的初侵染一般在 4 月，初侵染产生的锈孢子飞散到新梢和桑叶及花椹上进行多次再侵染。锈孢子形成最适温度 13 ～ 18℃，相对湿度高于 90%，若湿度低于 80% 锈孢子难以形成。气温高于 30℃，湿度低于 80% 时，病害扩展缓慢或停滞。发病期在 4 ～ 9 月，桑树生育期间树上留有绿叶，利于病菌存留和侵染，易发病。

【防治方法】

（1）应选用黄鲁桑、湖桑等抗（耐）病品种，不要选用鲁桑、实生桑等不抗病品种。

（2）一般在 4 月巡查 3 次，及时剥除病芽，早春要在“泡泡纱”状将变黄色前及时除去病芽、病梢及病叶，清除初侵染源；雨后及时开沟排水，防止湿气滞留。

（3）在发病初期病叶上“泡泡纱”状病斑未转黄色前，喷洒 25% 三唑酮可湿性粉剂 1 000 倍液、25% 丙环唑微乳剂 3 000 倍液或 12.5% 三唑醇（羟锈宁）可湿性粉剂 2 000 倍液，重点喷洒桑芽，每隔 10 ～ 15 天喷 1 次，连续喷 2 ～ 3 次。

16. 桧柏—梨锈病

桧柏—梨锈病病原为梨胶锈菌（*Gymnosporangium haraeanum*），属于担子菌亚门冬孢菌纲锈菌目柄锈菌科胶锈菌属。

【寄主】圆柏及其变种龙柏、塔柏和偃柏，还为害梨、杜梨、棠梨、木瓜、山楂、贴梗海棠等蔷薇科植物。

【症状】主要为害叶片、新梢和幼果。叶片受害，叶正面形成橙黄色圆形病斑，并密生橙黄色针头大的小粒点，即性孢子器。潮湿时，溢出淡黄色黏液，即性孢子，后期小粒点变为黑色，病斑对应的叶背面组织增厚，并长出一丛灰黄色毛状物，即锈孢子器。毛状物破裂后散出黄褐色粉末，即锈孢子。果实、果梗、新梢与叶柄受害，病斑初期与叶片上的相似，后期在同一病斑的表面产生毛状物。转主寄主桧柏染病后，次年 3 月间，在针叶、叶腋或小枝上可见红褐色、圆锥形的角状物（冬孢子角）。春雨后，冬孢子角吸水膨胀为橙黄色舌状胶质块。

梨胶锈菌冬孢子

遇水胶化的病原冬孢子

【发病规律】病菌是以多年生菌丝体在桧柏枝上形成菌瘿越冬，翌春 3 月形成冬孢子角，冬孢子萌发产生大量的担孢子，担孢子随风雨传播到梨树上侵染梨的叶片等，但不再侵染桧柏。梨树自展叶开始到展叶后 20 天内最易感病，展叶 25 天以上，叶片一般不再感染病菌。病菌侵染后约经 6 ～ 10 天的潜育期，即可在叶片正面呈现橙黄色病斑，进而在病斑上长出性孢子器，在性孢子器内产生性孢子。在叶背面形成锈孢子器，并产生锈孢子，锈孢子不再侵染梨树，而借风传播到桧柏等转主寄主的嫩叶和新梢上，萌发侵入为害，并在其上越夏、越冬，到翌春再形成冬孢子角。梨锈病病菌无夏孢子阶段，不发生重复侵染。春季温暖多雨的年份，发病重。

【防治方法】

（1）绿地规划时，在梨、山楂、贴梗海棠等蔷薇科植物周围 5 km 以内，避免栽植桧柏、龙柏等转主寄主，是防治桧柏—梨锈病最彻底有效的措施。

（2）桧柏等转主寄主不能清除时，则应对桧柏树喷药杀灭孢子，铲除越冬病菌，减少侵染源。即在 3 月上中旬（梨树发芽前）对桧柏等转主寄主先剪除病瘿，然后喷施 3 ～ 5 波美度石硫合剂或喷施 1 ～ 2 次 1∶1∶200 波尔多液。

（3）对梨树喷药，应掌握在梨树萌芽期至展叶后 25 天内，即担孢子传播侵染的盛期进行。一般梨树展叶后，如有降雨，并发现桧柏树上产生冬孢子角时喷洒 25% 三唑酮可湿性粉剂 1 500 倍液、25% 丙环唑微乳剂 3 000 倍液或 12.5% 三唑醇（羟锈宁）可湿性粉剂 2 000 倍液，隔 10 ～ 15 天喷 1 次，连续喷 2 ～ 3 次。若防治不及时，可在发病后叶片正面出现病斑（性孢子器）时，喷施 20% 粉锈宁乳油 1 000 倍液，可控制为害。

17. 桧柏—海棠锈病

桧柏—海棠锈病病原为山田胶锈菌（*Gymnosporangium yamadai*）和梨胶锈菌（*G. haraeanum*），属于担子菌亚门冬孢菌纲锈菌目柄锈菌科胶锈菌属。

【寄主】海棠、苹果、山里红、梨、桧柏。

【症状】主要为害叶、果、嫩枝。初期在寄主叶表面出现 1 mm 大小的黄绿色小斑点，逐渐扩大成 1 cm 左右的橙黄色圆形斑，边缘红色，后期病斑表面产生鲜黄色小颗粒（病菌性孢子器），随后在叶面形成黄白色隆起，其上生有很多毛状物

海棠锈病

（病菌锈孢子器）；叶柄受害后形成纺锤形稍隆起的橙黄色病斑；嫩枝受害后病部凹陷、龟裂易断；果实受害症状与叶片相似，受害部位畸形。桧柏受害后嫩枝或叶片上形成球形或半球形的瘿瘤，冬孢子角自瘿瘤上长出，深褐色，吸水膨大后呈胶质花朵状，杏黄色，好似柏树开花。

【发病规律】病菌以菌丝体在桧柏受病组织内越冬。4～5月冬孢子角遇雨吸水膨胀破裂，产生担孢子，并借气流传播到苹果、西府海棠、山荆子、花红等蔷薇科植物叶片上，5月下旬病叶开始产生性孢子器，6月下旬开始叶背病斑上产生锈孢子器，8～9月锈孢子成熟，并借气流传播到桧柏上，侵染针叶或嫩枝越冬。4～5月（即嫩叶期），均匀的雨水是侵染发病的主要条件。

【防治方法】

（1）绿地规划时海棠、苹果、山里红、梨等蔷薇科植物周围5 km以内避免栽植桧柏、龙柏等转主寄主，是防治桧柏—海棠锈病最彻底有效的措施。

（2）桧柏等转主寄主不能清除时，则应对桧柏树喷药，铲除越冬病菌，即在3月上中旬（梨树发芽前）对桧柏等转主寄主喷施4～5波美度石硫合剂或喷施1∶3∶100石灰多量式波尔多液1～2次，切断传染源。

（3）于4、5月病菌侵染海棠等树叶的初期，喷洒25%三唑酮可湿性粉剂1 000倍液、25%丙环唑微乳剂3 000倍液或12.5%三唑醇（羟锈宁）可湿性粉剂2 000倍液，隔10～15天1次，防治2～3次，可基本控制锈病的发生。若防治不及时，可在发病后叶片正面出现病斑（性孢子器）时，喷施20%粉锈宁乳油1 000倍液，可控制为害，可起到较好的治疗效果。

18. 毛白杨锈病

毛白杨锈病病原菌为马格栅锈菌（*Melampsora magnusiana*）和杨栅锈菌（*M. rostrupii*），属于担子菌亚门冬孢菌纲锈菌目栅锈菌科栅锈菌属。

【寄主】毛白杨、新疆杨、河北杨等杨树。

【症状】春天4月间杨树展叶期，在越冬病芽和萌发的幼叶上布满黄色粉堆，

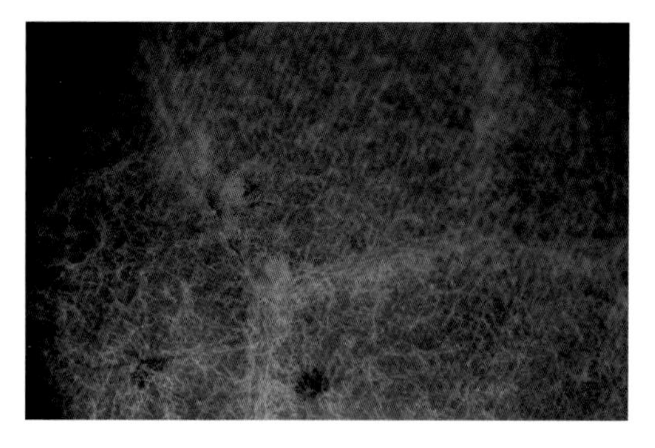
白杨叶锈病

形似一束黄色绣球花的畸形病芽。严重受侵的病芽经3周左右即干枯死亡。叶展开后易感病，背面散生黄粉堆，为病菌的夏孢子堆，嫩叶皱缩、畸形，甚至枯死。叶片硬化后则很少感病。叶柄和嫩梢上产生椭圆形病斑，也产生黄粉。病落叶在第二年春季有时可产生赭色疤状小点，为病菌的冬孢子堆。

【发病规律】病菌以菌丝体在芽内越冬。翌年4月间杨树展叶期，幼叶易感病，叶片背面散生黄粉堆，为病菌的夏孢子堆，嫩叶皱缩、畸形，甚至枯死。夏孢子堆，借风传播，5～6月为第1次侵染高峰，9月为第2次侵染高峰。成片种植过密，生长幼嫩的幼树，湿度高、通风透光差的环境均有利于病菌侵染和发病。

【防治方法】

（1）种植勿过密。

（2）春季树木萌芽时摘除病芽烧毁，防止扩大蔓延。

（3）叶片发病初期喷洒25%三唑酮可湿性粉剂1 000倍液、25%丙环唑微乳剂3 000倍液或12.5%三唑醇（羟锈宁）可湿性粉剂2 000倍液，隔10～15天1次，连续用药2～3次可基本控制锈病的发生。

19. 柳树锈病

柳树锈病病原为拟鞘锈状栅锈菌（*Melampsora coleosporioides*），属于担子菌亚门冬孢菌纲锈菌目栅锈菌科栅锈菌属。

【寄主】垂柳、龙爪柳、沙柳和旱柳等柳树。

【症状】柳树锈病为害叶片和嫩梢。叶片上产生近圆形黄色斑点，叶背形成黄色散生粉状堆，即病菌的夏孢子堆，严重时叶布满黄粉，病叶提前脱落。落叶前后，病叶两面形成棕褐色突起的小斑点，即冬孢子堆，埋生于叶片表皮下。

【发病规律】病菌以冬孢子在病组织内越冬。柳树锈病 6 ～ 10 月发生，以秋季发病普遍。垂柳锈病菌的转主寄主为紫堇，紫堇 4 月下旬至 5 月初发病。苗木过密易感病；龙爪柳发病重，旱柳发病较轻。

垂柳锈病

【防治方法】

（1）加强管理，合理规划。在柳树风景区，铲除林内外的转主寄主，及时间伐和剔除长势不良的植株。

（2）在风景和林荫道旁，如果锈病严重发生，可用 1∶1∶200 倍波尔多液、0.3 ～ 0.4 波美度石硫合剂、25% 粉锈宁可湿性粉剂 800 倍液或 25% 丙环唑微乳剂 3 000 倍液，每隔 10 ～ 15 天喷施 1 次，连续喷 2 ～ 3 次。

20. 香椿叶锈病

香椿叶锈病病原为洋椿花孢锈菌（*Nyssopsora cedrelae*），属于担子菌亚门冬孢菌纲锈菌目柄锈科花孢锈菌属。

【寄主】香椿、臭椿、洋椿属树木。

【症状】病菌的夏孢子堆生于香椿叶片两面，以叶背较多，散生或群生，严重时扩散至全叶。感病的叶子最初出现黄色小点，后在叶背出现呈疱状突起的夏孢子堆，破裂后散出金黄色粉状夏孢子。秋季以后，在叶背面产生黑色疱状突起，即香椿叶锈病菌的冬孢子堆，散生或群生，可互相愈合，破裂后散出许多黑色粉状物，即冬孢子。病害严重发生时，叶片上布满冬孢子堆，病叶逐渐呈黄色，引起早期落叶。

香椿叶锈病

【发病规律】香椿树叶锈病病菌为同主寄生菌，病害一般在春末夏初发生。夏孢子阶段为害严重。夏孢子多于晚春开始形成，萌发后再次侵染。这些菌丝体在数天后又可产生新的夏孢子堆和夏孢子。夏孢子靠风传播，进行多次再侵染。从春季至秋末均可发病，秋季遇干旱天气，发病严重。冬孢子在香椿叶片生长后期发生，性孢子器和锈孢子器阶段尚未发现。

【防治方法】

（1）注意发现中心病株，及时剪除病枝，摘去病叶，并集中加以烧毁。

（2）在发病前或发病时，可喷洒 0.3 ～ 0.5 波美度石硫合剂、25% 丙环唑微乳剂 3 000 倍液或 97% 敌锈钠晶体 200 倍液，每隔 10 ～ 15 天喷洒 1 次，连续喷洒 2 ～ 3 次，病情可得到有效控制。

21. 山茶炭疽病

山茶炭疽病病原为山茶刺盘孢菌（*Colletotrichum camelliae*），属于半知菌亚门腔孢菌纲黑盘孢目黑盘孢科刺盘孢属。

【寄主】山茶、油茶、茶等。

【症状】病斑大多发生在叶片上，嫩枝、新梢和果实上也可发生。在叶片上的病斑多自叶尖或叶缘开始，初为水渍状的暗绿色圆形斑点，后扩大为不规则的大

斑，黄褐色至褐色，病斑边缘稍隆起，中部呈灰白色，散生许多黑色小点，呈轮纹状排列。

山茶炭疽病

【发病规律】病菌以分生孢子盘或菌丝体在病叶上越冬，一般于6月初开始发病，7～8月进入发病盛期，分生孢子借助雨滴、气流传播，经伤口、自然孔口或直接侵入。病害的发生发展以温度影响为主，初始发病的温度为18～20℃，最适温度为25～28℃，遇上夏秋间降水量大，空气湿度偏高，则很快蔓延。

【防治方法】

（1）清除病叶，剪去病梢，并集中烧毁。

（2）栽植时适当稀植，要求土壤疏松肥沃，排水良好，pH值5.0～6.5的沙壤土。养护时避免伤害叶片，减少强光照射，注意施有机肥，增施一定量的钾肥，少施氮肥，通风透光，排水良好，提高植株的抗病能力。

（3）发病初期喷洒70%甲基托布津可湿性粉剂1 000倍液进行防治、50%炭疽福美可湿性粉剂500倍液或50%苯莱特可湿性粉剂1 000倍液，每10～15天喷1次，连喷2～3次。对大型植株上的溃疡斑则需刮除，并涂以石硫合剂药液。

22. 杉木炭疽病

杉木炭疽病病原为胶孢炭疽菌（*Colletotrichum gloeosporioides*），属于半知菌亚门腔孢纲黑盘孢目黑盘孢科刺盘孢属。

【寄主】杉木、铅笔柏、泡桐、杨树、香樟、刺槐等多种树木。

【症状】典型症状为“颈枯”，即梢头顶芽以下10 cm以内针叶发病。病叶上先出现暗褐色小斑点，形状不规则，后病斑迅速扩展，使针叶先端枯死或全部枯死。病菌可自病死针叶扩展侵入嫩茎，使梢头枯死，病轻的顶芽仍可萌发新梢，但生长

杉木炭疽病

受影响大。枝条基部针叶和树冠下部枝叶有时也发病，一般仅引起针叶先端枯死。秋季因生理原因发生黄化的新梢也可能发病，使嫩梢枯死。

【发病规律】病菌以菌丝体、分生孢子盘和分生孢子在病残体上越冬。翌年春产生分生孢子，借风雨和昆虫传病，从伤口或气孔侵入，多在叶尖、叶缘处发病。在低洼、黏重板结土壤栽植，特别在潮湿和弱光照条件下容易感病。以夏秋发病严重。

【防治方法】

（1）避免在平地、低洼地、黏重板结土壤栽植杉木，防治发病。

（2）科学肥水管理，增施磷钾肥，雨后注意及时开沟排水，增强植株抗病力，减少发病。

（3）在侵染发生期，70% 甲基托布津可湿性粉剂 1 000 倍液、50% 多菌灵可湿性粉剂 800 倍液、75% 百菌清可湿性粉剂 500 ～ 800 倍液，间隔 10 ～ 15 天连续喷洒 2 ～ 3 次。

23. 洒金珊瑚炭疽病

洒金珊瑚炭疽病病原为胶孢菌（*Colletotrichum gloeosporioides*），属于半知菌亚门腔孢纲黑盘孢目黑盘孢科刺盘孢属。

【寄主】洒金珊瑚、扶桑、木槿、桃叶珊瑚、女贞、桂花、夹竹桃、七叶树等。

【症状】该病为害植株的叶、嫩枝、果实。发病初期，感病嫩枝上产生黑褐色条斑，稍下陷，重者枯死。发病后期病斑上产生小黑点，为病原菌的分生孢子盘。感病叶和果实上病斑圆形、灰褐色，上生小黑点，边缘黑褐色，病健交界明显。

【发病规律】病菌以菌丝体或分生孢子盘和分生孢子在病部的残体上越冬。翌

年春条件适宜时，产生分生孢子，经风雨传播萌发再侵染，一年中可多次重复侵染。高温高湿、植株过密、氮肥过多、生长嫩弱、伤口多等条件下可加重发病。

洒金珊瑚炭疽病

【防治方法】

（1）及时剪除病叶、病梢，清理病落叶及残枝，集中烧毁，清除病源。

（2）加强栽培管理，不偏施氮肥，尽量减少损伤，注意排湿和通风透光，增强植株抗病能力。

（3）发病前或发病初期可用50%退菌特可湿性粉剂400～600倍液、50%炭疽福美可湿性粉剂500倍液或65%代森锰锌可湿性粉剂500倍液喷施防治。

24. 八宝金盘疮痂型炭疽病

八宝金盘疮痂型炭疽病病原为胶孢炭疽菌（*Colletotrichum gloeosporioides*），属于半知菌亚门腔孢纲黑盘孢目黑盘孢科刺盘孢属。

【寄主】八角金盘。

【症状】八角金盘疮痂型炭疽病是八角金盘炭疽病的一种新症状，可为害八角

八角金盘疮痂型炭疽病

金盘叶片、叶脉、叶柄和果柄。叶片病斑的典型症状为正面灰白色、疥癣状略增厚，背面圆形疣状突起明显，病斑中间开裂。

【发病规律】病菌以菌丝体在病组织内越冬，翌年春条件适宜时，产生分生孢子，经风雨传播萌发侵染。高温高湿有利于发病。植株过密，氮肥过多，生长嫩弱，伤口多等条件下可加重发病。

【防治方法】

（1）及时清除病残体。

（2）发病初期用 25% 炭特灵（溴菌清）乳油 500 倍液、50% 炭疽福美可湿性粉剂 500 倍液喷洒或 50% 多菌灵可湿性粉剂 800 倍液，每隔 10 ～ 15 天喷 1 次，连续喷 2 ～ 3 次。

25. 阔叶十大功劳炭疽病

阔叶十大功劳炭疽病为胶孢炭疽菌（*Colletotrichum gloeosporioides*），属于半知菌亚门腔孢纲黑盘孢目黑盘孢科刺盘孢属。

【寄主】阔叶十大功劳。

【症状】主要为害叶片。叶缘或叶上初生圆形至不规则形病斑，较大、褐色，后期中央变为灰褐色或灰白色，外缘具明显的红黄色晕圈，病斑上出现轮状排列的黑色小粒点（病原菌的分生孢子盘），后期病斑穿孔。

阔叶十大功劳炭疽病

【发病规律】病菌以分生孢子盘在病叶上或随病叶在土中越冬。翌年通过气流传播，扩大为害。雨水多、湿气滞留、株丛过密、通风不良，易发病。

【防治方法】

（1）增施有机肥，雨水多及时排水，防止湿气滞留，适量增施磷钾肥。

（2）及时修剪病枝叶和清除病残体，集中深埋或烧毁。

（3）发芽前喷洒 3 ～ 4 波美度的石硫合剂或 30% 悬浮剂碱式硫酸铜 400 ～ 500 倍液（发病前施药预防）。发病初期喷洒 50% 炭疽福美可湿性粉剂 500 倍液、50% 多菌灵可湿性粉剂 500 ～ 800 倍液或 20% 噻菌铜悬浮剂 500 ～ 800 倍液喷雾。

26. 芍药炭疽病

芍药炭疽病病原为胶孢炭疽菌（*Colletotrichum gloeosporioides*），属于半知菌亚门腔孢纲黑盘孢目黑盘孢科刺盘孢属。

【寄主】芍药、牡丹。

【症状】叶、茎、芽鳞及花均可受害。叶部病斑初为长圆形，中央灰白边缘红褐，扩大成黑褐色不规则的病斑，后期穿孔。茎上病斑与叶上产生的相似，严重时会引起折倒。

芍药炭疽病

【发病规律】病菌以菌丝体在病残体上或土壤中越冬，翌年春暖花开季节，产生大量分生孢子侵染新萌发的茎叶。高温潮湿发病较重。

【防治方法】

（1）病害流行期及时摘除病叶，防止再次侵染为害。秋冬彻底清除地面病残体连同遗留枝叶，集中高温腐沤，减少次年初侵染源。注意排湿，通风透光，增施磷钾肥，提高抗病能力。

（2）发芽前喷洒 3 ～ 5 波美度的石硫合剂。发病初期，喷洒 50% 炭疽福美可湿性粉剂 500 倍液、50% 多菌灵可湿性粉剂 500 ～ 800 倍液或 50% 多硫悬浮剂 500 倍液，每 7 ～ 10 天喷 1 次，连喷 2 ～ 3 次。也可用 75% 百菌清可湿性粉剂混合 70% 甲基托布津可湿性粉剂 1 000 倍液。

27. 泡桐炭疽病

泡桐炭疽病病原为胶孢炭疽菌（*Colletotrichum gloeosporioides*），属于半知菌亚门腔孢纲黑盘孢目黑盘孢科刺盘孢属。

【寄主】泡桐。

【症状】主要为害泡桐叶片、叶柄和嫩梢。叶片受害初期，病斑为失绿的点状，后扩大为褐色近圆形，周围为黄绿色，发病后期，病斑常破裂，提前落叶。叶柄、叶脉和嫩茎上发病，开始产生褐色小点，渐纵向延伸，呈椭圆形或不规则形，病斑中央凹陷。在雨后或湿润时，病斑上常产生粉红色分生孢子堆或黑色小点。发病严重时，致使嫩梢和叶片枯死。

泡桐炭疽病

【发病规律】病菌以菌丝体在病组织内越冬。翌年 4 ～ 5 月条件适宜时产生分生孢子，经风雨传播。进行初次侵染。在生长季节中，病菌可进行再侵染，6 ～ 7 月为发病盛期，至 8 月底停止为害。在发病季节，遇有高温多雨，容易发病；积水、排水不良，栽植过密，通风透气不良也易发病；管理粗放，树势衰弱有利于病害发生。

【防治方法】

（1）因地制宜的选择较抗病品种。

（2）加强栽培管理，合理密植，科学施肥灌水，增强树势，提高植株抵抗力，冬季彻底清除和烧毁病枝叶，减少初侵染源。

（3）5～6月发生期喷洒1∶1∶200波尔多液或65%代森锰锌可湿性粉剂500倍液、70%甲基托布津可湿性粉剂1 000倍液或50%退菌特可湿性粉剂600倍液，间隔10～15天，连续喷施2～3次。

28. 广玉兰炭疽病

广玉兰炭疽病病原为玉兰刺盘孢（*Colletotrichum magnoliae*），属于半知菌亚门腔孢纲黑盘孢目黑盘孢科刺盘孢属。

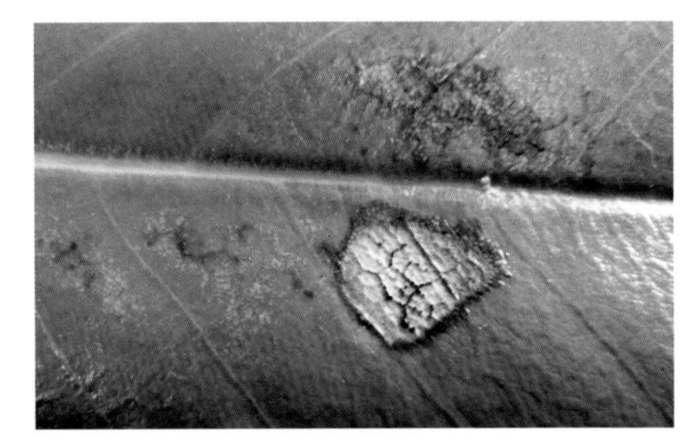

广玉兰炭疽病

【寄主】广玉兰、含笑、玉兰、紫玉兰等。

【症状】叶片上产生深褐色圆形或近似圆形病斑，边缘略深，扩展后中央逐渐变为灰白色，大小2～8 cm，后期病斑上生出黑色的小粒点，即病原菌的分生孢子盘。湿度大时病斑上溢出黄色黏质，即病菌的分生孢子团。常发生在叶缘或叶尖，造成叶枯或早期落叶。

【发病规律】病菌以菌丝体在病组织或病落叶上越冬，翌春产生分生孢子借风雨传播，从伤口侵入进行初侵染，植株缺少肥水，叶片黄化易染病。7～9月发生较多，病斑上出现黑色分生孢子盘后，盘上又产生分生孢子进行多次再侵染，气温高、多雨、潮湿、通风不良等导致发病重。

【防治方法】

（1）清除病叶，集中烧毁。

（2）加强管理，增施有机肥。

（3）发病初期，喷洒65%代森锌可湿性粉剂500～600倍液、50%炭疽福美可湿性粉剂500倍液或70%甲基托布津可湿性粉剂1 000倍液防治，每7～10天喷药1次，连续喷2～3次。

29. 常春藤炭疽病

常春藤炭疽病病原为常春藤刺盘孢（*Colletotrichum trichellum*），属于半知菌亚门腔孢纲黑盘孢目黑盘孢科刺盘孢属。

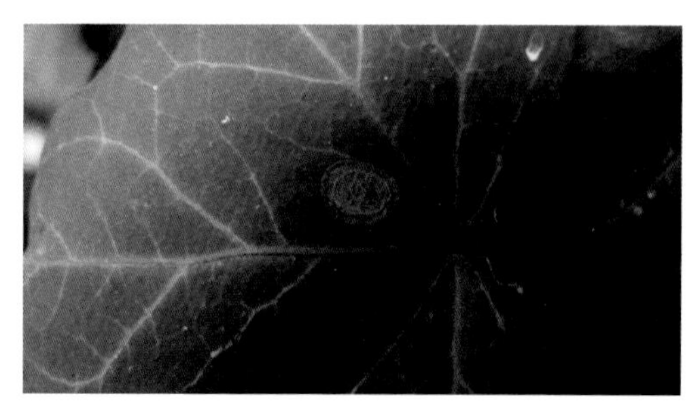

常春藤炭疽病

【寄主】常春藤。

【症状】多发生于叶片，从叶尖、叶缘发病，病斑褐色，近圆形，边缘明显，中央渐变灰褐色，后期病斑上散生有黑色小粒点，即病原菌的分生孢子盘。

【发病规律】病菌以菌丝体或分生孢子器在病落叶残体中越冬，翌年春夏借风雨传播，先从植株下部叶片发生，遇雨季不断再侵染。8～9月发病重。

【防治方法】

（1）秋冬彻底清除病叶，集中烧毁。

（2）发病初期喷施50%炭疽福美可湿性粉剂500倍液、75%百菌清可湿性粉剂500倍液或70%甲基托布津可湿性粉剂1 000倍液防治。

30. 大叶黄杨炭疽病

大叶黄杨炭疽病病原为胶孢炭疽菌（*Colletotrichum gloeosporiodies*），属于半知菌亚门腔孢纲黑盘孢目黑盘孢科刺盘孢属。

【寄主】大叶黄杨。

【症状】发病初期，病菌从叶片的叶肉组织侵入，使病部出现褐色不规则斑点，开始呈湿腐状，病健界限不明显，随病菌的发展，叶片上病斑部位枯黄，生出近同心轮纹状小黑点，直观看去分布规律，常造成叶枯和叶片提早脱落。

大叶黄杨炭疽病

【发病规律】病菌以菌丝体或孢子盘在病枝、病叶组织中越冬。翌年 5 ～ 6 月，温湿度适宜时分生孢子萌发，常从寄主伤口侵入。该病菌寄生性不强，只能从伤口侵入，发生期比叶斑病稍迟。

【防治方法】

（1）秋冬季及时清除枯枝落叶和病残体，并烧毁，以减少来年初侵染菌源。

（2）育苗不宜种植过密，养护中尽量避免造成伤口，及时防治介壳虫，灌水时不要淋浇，增施磷、钾肥等。

（3）发病初期喷施 50% 炭疽福美可湿性粉剂 500 ～ 800 倍液，75% 百菌清可湿性粉剂 500 倍液或 50% 退菌特可湿性粉剂 600 倍液防治。

31. 榆树炭疽病

榆树炭疽病病原为榆日规壳（*Gnomonia ulmea*）和小原日规壳（*G. oharana*），属于子囊菌亚门核菌纲球壳目日规壳科日规壳属。

【寄主】白榆、榔榆等榆属的各种榆树。

【症状】为害叶片及苗木的叶柄和枝。发病初期在叶面上出现黄褐色近圆

榆树炭疽病

形的斑点，病斑扩展后大小为 3 ～ 8 mm，后期病斑中常有黑色小粒点，多呈放射性排列。发病严重时，树叶变黄，提早落叶。

【发病规律】病菌以未成熟的子囊壳在病叶组织中越冬。子囊孢子成熟后借风雨传播，侵染新叶。

【防治方法】

（1）秋季收集落叶，集中深埋或烧毁。

（2）在叶片长到一半大小时，喷洒 65% 代森锌可湿性粉剂 500 倍液、70% 代森锰锌可湿性粉剂 500 倍液或 50% 炭疽福美可湿性粉剂 500 倍液，每隔 10 ～ 12 天喷 1 次，连续喷 2 ～ 3 次。

32. 马褂木炭疽病

马褂木炭疽病病原为（*Colletotricum* sp.），属于半知菌亚门腔孢纲黑盘孢目黑盘孢科炭疽菌属。

【寄主】马褂木。

【症状】病害发生在叶片上。病斑多在主侧脉两侧，初为褐色小斑，圆形或不规则形，中央黑褐色，其外部色较浅，边缘为深褐色，病斑周围常有褐绿色晕圈，后期病斑上出现黑色小粒点。

马褂木炭疽病

【发病规律】病菌以菌丝体和分生孢子盘在病残株及落叶上越冬。翌年春暖，

产生大量的分生孢子，随风雨、气流传播，从寄主的伤口或气孔侵入，在多雨潮湿的气候条件下发病严重。

【防治方法】

（1）加强肥水管理，注意排水与通风换气，促进植株生长健壮，提高抵抗力。

（2）发病期喷施 50% 炭疽福美可湿性粉剂 500 倍液、75% 百菌清可湿性粉剂 500 倍液或 50% 退菌特可湿性粉剂 600 倍液，间隔 10 ～ 15 天，连续喷药 2 ～ 3 次。

33. 月季黑斑病

月季黑斑病病原为蔷薇放线孢菌（*Actinonema rosae*），属于半知菌亚门腔孢纲黑盘孢目黑盘孢科放线孢属，有性世代为 *Diplocarpon rosae*。

【寄主】月季、金樱子、白玉堂、黄刺玫、蔷薇等。

【症状】月季叶片、嫩枝和花梗均可受害。病斑初为紫褐至褐色小点，后扩展并变为黑色或深褐色，常有黄色晕圈包围，严重时整株中、下部叶片全部脱落，个别枝条枯死。

月季黑斑病

【发病规律】病菌以菌丝在病枝、病叶或病落叶上越冬，翌年早春形成分生孢子，借风雨、昆虫传播，多次重复侵染，整个生长季节均可发病，夏末以后发病最重。病菌萌发侵入的适宜温度为 20 ～ 25℃，炎热高温及干旱季节病害扩展缓慢，植株衰弱时容易发病。

【防治方法】

（1）及时清除病叶，冬季对重病株进行重度修剪。保持通风良好，生长季要经常修剪，避免叶面部位积水。

（2）冬季休眠期喷洒 3 ～ 5 度波美度石硫合剂 2 ～ 3 次，6 ～ 8 月施用 0.3 ～ 0.4 波美度石硫合剂，间隔 10 ～ 15 天喷 1 次，或 75% 百菌清可湿性粉剂 500 倍液、

70% 甲基托布津可湿性粉剂 1 000 倍液、50% 复方硫菌灵可湿粉剂 800 倍液或 50% 多菌灵可湿性粉剂 5 000 倍液，连续喷 3 ～ 4 次。

34. 龙柏叶枯病

龙柏叶枯病病原为细交链孢菌（*Alternaria tennis*），属于半知菌亚门丝孢菌纲丝孢目暗色孢科链格孢属。

【寄主】龙柏。

【症状】主要为害当年麟叶及绿色嫩枝。发病初期，麟叶由绿色变为黄绿色，无光泽，最后变成枯黄色，引起麟叶早落。麟叶上的病斑向下蔓延，为害嫩枝，嫩枝发病褪绿，变成黄绿色，最后为枯黄色，不易凋落，翌年春天被风吹落。严重的树冠布满枯黄的病枯枝叶，连年发生树冠稀疏，生长势弱，降低观赏性。

龙柏叶枯病

【发病规律】病菌以菌丝体在病枝条上越冬，次年春天产生分生孢子，成为初侵染来源。分生孢子由气流传播，自伤口侵入。发病期 4 ～ 5 月，盛发期 7 ～ 9 月。小雨有利于分生孢子的形成、释放和侵入。

【防治方法】

（1）清除枯枝落叶，特别是树冠上残留的病枯枝，清理的病枯枝集中销毁。

（2）加强肥水管理，对多年栽的龙柏增施有机肥，早春灌足底水，增强树势，提高抗病性。

（3）4 月，发病初期，喷洒 50% 代森铵可湿性粉剂 1 000 倍液、70% 百菌清可湿

性粉剂 800 倍液或 70% 托布津可湿性粉剂 1 000 倍液，间隔期为 7 天，连续喷 3 次。

35. 紫荆角斑病

紫荆角斑病病原为紫荆集束尾孢霉（*Cercospora chionea*）和紫荆粗尾孢霉（*C. cercidicola*），同属于半知菌亚门丝孢纲丝孢目暗色孢科尾孢属。

【寄主】紫荆和紫荆属的其他一些植物。

【症状】主要发生在叶片上，病斑呈多角形，黄褐色至深红褐色，后期着生黑褐色小霉点。严重时叶片上布满病斑并连接成片，导致叶片枯死脱落。

紫荆角斑病

【发病规律】病菌以菌丝体或分生孢子在病叶及残体上越冬。翌春，当温湿度适宜时，孢子经风雨传播侵染发病。一般在 7 ～ 9 月发生此病，多从下部叶片先感病，逐渐向上蔓延扩展。植株生长不良，多雨季节发病重。

【防治方法】

（1）秋冬季清除病落叶，集中烧毁，减少侵染源。

（2）发病时可喷 50% 多菌灵可湿性粉剂 500 倍液、70% 代森锰锌可湿性粉剂 800 ～ 1 000 倍液或 80% 代森锌可湿性粉剂 500 倍液，间隔期为 10 天，连续喷洒 3 ～ 4 次。

36. 樱花褐斑穿孔病

樱花褐斑穿孔病病原为核果尾孢菌（*Cercospora circumscissa*），属于半知菌亚门丝孢纲丝孢目暗色孢科尾孢属。

【寄主】樱花、梅花、樱桃、碧桃、桃、杏、李等。

【症状】主要为害樱花叶片，有时也侵染嫩梢。发病初期，感病叶面出现针尖大小的斑点，呈紫褐色，逐渐扩大形成圆形或近圆形斑，病斑褐色至灰白色，边缘紫褐色，直径可达 5 mm。发病后期病斑上产生灰褐色霉状物，即病原菌的分生孢子器，最后病斑中部干枯脱落，呈穿孔状，穿孔边缘整齐。发病严重时，叶片布满穿孔，引起落叶。

樱花褐斑穿孔病

【发病规律】病菌以菌丝体在枝梢病部越冬，或以子囊壳在病落叶上越冬。翌年春季，产生分生孢子，孢子借风雨传播，自气孔侵入寄主。该病通常自树冠下部先发病，逐渐向树冠上部扩展。大风、多雨的年份发病严重；植株栽植过密，病害容易发生；土壤瘠薄，病害发生严重；夏季干旱，树势衰弱发病也重。日本樱花和日本晚樱等树种抗病性弱，发病重。

【防治方法】

（1）冬季结合修枝，剪除有病枝条，清除枯枝落叶，集中销毁。

（2）增施有机肥及磷、钾肥，避免偏施氮肥；及时灌水，尤其是干旱季节；雨季或低洼地及时排湿以提高植株抗病力，控制病害的发生。适地适树，避免在风口处栽植樱花。

（3）发病前用 80% 代森锌可湿性粉剂 500 倍液、3 ～ 4 波美度石硫合剂或 75% 百菌清可湿性粉剂混合 70% 甲基硫菌灵可湿性粉剂 1 000 倍液进行预防。发病初期可喷洒 65% 代森锌可湿性粉剂 500 倍液、50% 苯莱特可湿性粉剂 1 000 倍液或 70% 甲基托布津可湿性粉剂 1 000 倍液。间隔 10 ～ 15 天喷 1 次，连续喷 2 ～ 3 次，注

意交替使用药剂，防止单一用药病菌产生抗性。

37. 大叶黄杨叶斑病

大叶黄杨叶斑病病原为环损尾孢菌（*Cercospora destructiva*），属于半知菌亚门丝孢纲丝孢目暗色孢科尾孢属。

【寄主】 大叶黄杨、金边黄杨、瓜子黄杨等。

【症状】 为害大叶黄杨的嫩叶、老叶，叶正面出现黄褐色斑，扩大为近圆形或不规则形，直径 4 ～ 14 mm，中央灰白色，有浅褐色同心轮纹，边缘深褐色稍隆起，病斑内密生细小黑色霉点，严重时病斑连成一片，叶片枯黄脱落，形成秃枝，甚至造成死亡，严重影响大叶黄杨的正常生长与观赏效果。

大叶黄杨叶斑病

【发病规律】 病菌以菌丝体在病叶或落叶上越冬，翌年春季随着气温回升，产生分生孢子进行初侵染，分生孢子通过风雨传播，由气孔或伤口侵入。一般 6 月开始侵染，7、8 月为侵染盛期，8 月中下旬至 9 月发病严重，病斑扩大，出现落叶。大叶黄杨叶斑病易与介壳虫、蚜虫等相伴发生，使植株病势加重。多雨、潮湿、春季遭受冻害或植株过密、通风不良时，往往发病严重，造成落叶。

【防治方法】

（1）冬季清除病落叶，进行焚烧或深埋，消除侵染源。

（2）选择排水良好、肥力适中的地块，以利于植株生长，增强树势，提高抗病性。合理密植，注意通风透光，降低叶面湿度，减少发病率。

（3）病原菌侵染初期喷洒1%波尔多液、75%百菌清可湿性粉剂500倍液或65%代森锌可湿性粉剂500倍液。发病初期喷洒70%甲基托布津可湿性粉剂1 000倍液，50%多菌灵可湿性粉剂500倍液或70%代森锰锌800倍液。间隔7～10天喷1次，连续喷2～3次，化学药剂宜交替使用（甲基托布津与多菌灵不宜交替使用）。

38. 红叶石楠褐斑病

红叶石楠褐斑病病原为枇杷尾孢（*Cercospora eriobotryae*），属于半知菌亚门丝孢纲丝孢目暗色孢科尾孢属。

红叶石楠褐斑病

【寄主】石楠、山茶、枇杷。

【症状】又称红斑病。主要为害叶片，叶上病斑圆形至不规则形，大小2～15 mm，暗红色，中央为灰色，边缘暗红色明显。后期在叶片正面生许多黑色小点，即病原菌子实体。

【发病规律】病菌以菌丝体或分生孢子形式在枯叶上越冬，翌春分生孢子借气流传播进行初侵染和再侵染。每年7～9月进入发病盛期。一般多雨季节或高温潮湿时易发病。

【防治方法】

（1）秋季清除病落叶，集中烧毁。

（2）发病初期，喷洒1∶1∶100波尔多液、75%百菌清可湿性粉剂600倍液或50%多菌灵可湿性粉剂500倍液。

39. 白蜡褐斑病

白蜡褐斑病病原为白蜡尾孢（*Cercospora fraxinites*），属于丝孢纲丝孢目暗色孢科尾孢属。

【寄主】白蜡。

【症状】为害白蜡树的叶片，引起早期落叶，影响树木当年生长量。病菌着生于叶片正面，散生多角形或近圆形褐斑，病斑中央灰褐色，直径 1 ～ 2 mm，大病斑达 5 ～ 8 mm。病斑正面布满褐色霉点，即病菌的子实体。

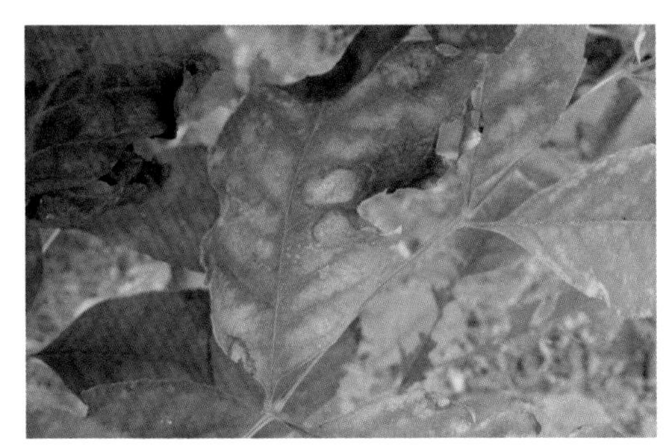

白蜡褐斑病

【发病规律】菌体在冬季潜伏，6 ～ 7 月易暴发。

【防治方法】

（1）播种苗应及时间苗，前期加强肥、水管理，增强苗木抗病力。

（2）秋季及时清扫地面上的病落叶，减少越冬菌源。

（3）6 ～ 7 月喷 1∶1∶200 波尔多液、70% 托布津可湿性粉剂 1 000 倍液或 65% 代森锌可湿性粉剂 600 倍液 2 ～ 3 次，每次间隔 7 ～ 10 天。

40. 丁香褐斑病

丁香褐斑病病原为丁香尾孢（*Cercospora lilacis*），属于半知菌亚门丝孢纲丝孢目暗色孢科尾孢属。

丁香褐斑病

【寄主】 丁香。

【症状】 主要在叶片上形成褐斑，病斑圆形、近圆形或不规则形，边缘深褐色，中心淡褐色，直径 5 ～ 10 mm，上生绒状黑色小点，严重时布满褐斑，提早落叶，全株仅留少量叶片。

【发病规律】 病菌以子座或菌丝在病落叶中越冬，翌年春季分生孢子器产生孢子，借风雨等传播，可多次侵染。5 ～ 6 月多雨潮湿条件下，病菌反复传播侵染，病害发生严重；秋季多雨时，发病严重。

【防治方法】

（1）秋冬季清除病叶，生长期及时修剪整形，控制枝叶密度，以利通风透光。平时管理要做到合理施用水肥，及时排水。

（2）展叶后喷施 50% 多菌灵可湿性粉剂 1 000 倍液或 75% 百菌清可湿性粉剂 500 倍液、65% 代森锌可湿性粉剂 500 倍液等，每隔 15 天喷 1 次，连续喷 2 ～ 3 次，可以预防此病。发病初期喷洒 70% 代森锰锌可湿性粉剂与 50% 多菌灵可湿性粉剂混合 500 倍液或 70% 甲基托布津可湿性粉剂 1 000 倍液，间隔 10 ～ 15 天喷 1 次，连续喷 3 ～ 4 次。

41. 苦楝白斑病

苦楝白斑病病原为楝尾孢菌（*Cercospora meliae*），属于半知菌亚门丝孢纲丝孢目暗色孢科尾孢属。

【寄主】苦楝。

【症状】病害发生于叶子两面，初期在叶子的正面出现褐绿色圆斑，以后病斑中心变灰白色至白色，边缘褐色似蛇眼状，后期病斑可穿孔，其周围有黄褐色晕圈。天气潮湿时，病斑两面密生许多黑色小霉点，以叶子背面为多。

苦楝白斑病

【发病规律】病菌以菌丝体在病落叶上越冬。翌年春季条件适宜时产生分生孢子，靠气流传播，进行初侵染。生长季节内，分生孢子可进行反复侵染。8 ～ 9 月为发病盛期，病害延续至 10 月中旬。高温高湿发病重，夏、秋多雨天气有利于此病流行。

【防治方法】

（1）加强肥、水管理，提高树木的抗病力。

（2）秋末及时清除地面上的落叶，集中烧毁，减少病源。

（3）发病前喷洒 1% 波尔多液进行预防。发病初期喷施 75% 百菌清可湿性粉剂 500 倍液、70% 甲基托布津可湿性粉剂 1 000 倍液或 50% 多菌灵可湿性粉剂 500 倍液，每隔 7 ～ 10 天喷一次，连续喷 2 ～ 3 次。

42. 南天竹红斑病

南天竹红斑病病原为南天竹尾孢（*Cercospora nandinae*），属于半知菌亚门丝孢纲丝孢目暗色孢科尾孢属。

【寄主】南天竹。

【症状】病害常发生于叶片上，多从叶尖或叶缘开始发生，初为褐色小点，后逐渐扩大成半圆形或楔形病斑，直径 2 ～ 5 mm，褐色至深褐色，病斑周围有深褐色的边缘，其周围有较宽的鲜红色晕圈，后期在病斑上簇生灰绿色至深绿色、煤污状的块状物，即分生孢子梗及分生孢子。发病严重时，常引起提早落叶。

南天竹叶斑病

【发病规律】病菌以菌丝或子实体在病叶上越冬，翌年春季温湿度适宜时产生分生孢子，借风雨传播，侵染发病。

【防治方法】

（1）早期及时摘除病叶，并集中销毁或深埋土中。

（2）发病初期喷施 80% 代森锌可湿性粉剂和 50% 多菌灵可湿性粉剂混合 500 ～ 600 倍液、25% 咪鲜胺乳油 500 ～ 600 倍液或 50% 苯莱特可湿性粉剂 1 000 倍液，间隔 7 ～ 10 天，连用 2 ～ 3 次。

43. 石榴角斑病

石榴角斑病病原为石榴尾孢（*Cercospora punicae*），属于半知菌亚门丝孢纲丝孢目暗色孢科尾孢属。

【寄主】石榴。

【症状】又名褐斑病，主要为害石榴的叶片。发病初期叶面上会产生针尖儿大小的斑点，呈紫红色，边缘有绿圈，而后逐渐扩展为圆形、多角形或不规则形。病斑颜色呈深红褐色、黑褐色或灰褐色，有时边缘呈黑褐色，病斑的两面着生细小的黑色霉点。病斑常连接成片，使叶片干枯。受害严重的植株，叶片发黄，手触即落。

石榴角斑病

【发病规律】病菌以子座或菌丝在病落叶上越冬。翌年春暖产生大量分生孢子，借风雨传播。在霉雨季节或秋季多雨季节发病较为严重，常引起大量落叶。

【防治方法】

（1）石榴栽植的株距不宜过密，应保持通风、透光，栽植前应施足基肥。生长期要常浇肥水，剪除过密枝、细弱枝，增强树势，提高其抗病性。

（2）结合冬季清园，将病残叶及枯枝彻底清除并集中烧毁，减少次年病害侵染源。

（3）发病期间可喷洒 1% 波尔多液、50% 多菌灵可湿性粉剂 500 ～ 600 倍液或 70% 甲基托布津可湿性粉剂 1 000 倍液进行防治。

44. 杜鹃褐斑病

杜鹃褐斑病病原为杜鹃尾孢（*Cercospora rhododendri*），属于半知菌亚门丝孢纲丝孢目暗色孢科尾孢属。

杜鹃褐斑病

【寄主】杜鹃。

【症状】发病初期，在老叶片的叶尖或边缘出现淡黄色近圆形小斑点，逐渐扩展呈不规则状，病斑随之变成褐色，边缘为紫褐色或黑褐色。后期在病斑上能看到黑色的小粒点。严重时，造成叶片早期脱落。

【发病规律】病菌以菌丝体在病叶上越冬。翌年春温湿度适宜时形成分生孢子，借气流和雨水传播侵染新的叶片。多雨年份或温室栽培时，高温高湿情况下发病较重。生长衰弱、灼伤、虫害、冻伤及人为损伤处易发病。品种间抗病性有差异，西洋杜鹃相对发病较重。

【防治方法】

（1）摘除病叶，清除地下或盆内落叶，集中烧毁或深埋，可以减少侵染源。

（2）选择抗病品种，加强栽培管理，保持通风透光，增强植株的抗病能力。

（3）发病期间可喷洒 70% 甲基托布津可湿性粉剂 1 000 倍液、70% 代森锰锌可湿性粉剂 800 倍液或 20% 粉锈灵乳油 1 000 ～ 1 200 倍液，间隔 7 ～ 10 天喷 1 次，连续喷 2 ～ 3 次。

45. 月季褐斑病

月季褐斑病病原为蔷薇色尾孢霉（*Cercospora rosicola*），属于半知菌亚门丝孢纲丝孢目暗色孢科尾孢属。

【寄主】月季、蔷薇。

【症状】主要为害叶片，叶上病斑为圆形、近圆形至不规则形，散生，大小1～4 mm，边缘紫褐色至红褐色，中间浅褐色或黄褐色至灰色，后期叶面产生黑色小霉点，即病原菌分生孢子梗和分生孢子。严重时，病斑常融合成不规则形大斑，叶背色略浅。

月季褐斑病

【发病规律】病菌以菌丝体在病部或病残体上越冬。翌年5月，条件适宜时产生分生孢子借风雨传播进行初侵染和再侵染，6～9月高温潮湿或雨日多，降水量大，易发病。10月后病害停止为害。

【防治方法】

（1）发现病叶及时摘除，控制该病传播扩大，秋末冬初及时清除病落叶集中烧毁。

（2）合理施肥，增施多元素复合肥，增强树势，提高抗病力；科学留枝，及时摘心整枝，四面通风透光。

（3）发病初期喷施75%百菌清可湿性粉剂800倍液、70%甲基托布津可湿性粉剂1 000倍液或50%多菌灵可湿性粉剂500倍液，每隔7～10天喷1次，连续喷2～3次。

46. 水杉赤枯病

水杉赤枯病病原为针枯尾孢菌（*Cercospora sequciae*），属于半知菌亚门丝孢纲丝孢目暗色孢科尾孢属。

【寄主】水杉、柳杉、柏树等。

【症状】此病多从下部枝叶开始发病，逐渐向上发展蔓延，严重发生时导致全株枯死。感病枝叶，初生褐色小斑点，后变深褐色，小枝和枯枝变褐枯死。病害可引起绿色小枝形成下陷的褐色溃疡斑，包围主茎，导致上部枯死；或不包围主茎，但长期不能愈合，随着主茎生长，溃疡斑深陷主干，形成沟腐，幼树基干部产生不规则凹沟，成为畸形。在潮湿条件下，病斑产生黑色小点，为病原菌子实体。

水杉赤枯病

【发病规律】病菌以菌丝体在寄主组织中越冬。翌年 4 ～ 5 月产生分生孢子，借风雨传播，萌发后从气孔侵入，形成初侵染。20 天左右出现症状，进行再侵染。一个生长季内，分生孢子可多次重复侵染。高温多雨有利于病害大发生，梅雨季节常形成发病高峰，秋季 9 月形成第 2 次高峰。

【防治方法】

（1）保持适当的种植密度，注意通风透光。增施磷钾肥，少施氮肥，增强树势，提高抗病能力。

（2）发病期间喷施 0.5% 波尔多液，50% 退菌特可湿性粉剂 600 倍液或 50% 多菌灵可湿性粉剂 500 倍液等，每隔 10 ～ 15 天喷 1 次，连续 2 ～ 3 次。

47. 芍药褐斑病

芍药褐斑病病原为变色尾孢菌（*Cercospora variicolor*），属于半知菌亚门丝孢纲丝孢目暗色孢科尾孢属。

【寄主】芍药、牡丹。

【症状】又称为芍药轮斑病。发病初期，叶背出现 3 ～ 7 mm，大小不一的圆点，病斑中心渐成黄褐色，呈同心轮纹状扩展，叶背病斑暗褐色，轮纹不明显。后期病斑干枯并覆盖黑色霉层。每叶上可生 20 ～ 30 个病斑，可连成形状不规则的大型病斑，严重时叶片枯死。

芍药褐斑病

【发病规律】病菌以菌丝体在寄主组织中越冬。春天温暖时菌丝产生分生孢子，经风雨传播而大量蔓延。一般在 7 ～ 9 月发病，种植过密、通风不良、高温高湿下发病重。

【防治方法】

（1）及时摘除染病叶片，注意株间通风透光，秋末清除叶片深埋或烧毁。

（2）发病初期用 65% 代森锌可湿性粉剂 500 倍液，或 70% 代森锰锌可湿性粉剂 800 倍液或 75% 百菌清可湿性粉剂 800 倍液喷治，间隔 10 ～ 15 天喷 1 次，连续喷 2 ～ 3 次。

48. 牡丹红斑病

牡丹红斑病病原为芍药枝孢霉（*Cladosporium paeoniae*），属于半知菌亚门丝孢纲丝孢目暗色孢科枝孢属。

【寄主】芍药、牡丹。

【症状】主要为害叶片，也侵染枝条、花、果壳等。早春叶片展开即可受到侵染，叶背出现针尖大小的凹陷斑点，逐渐扩大成近圆形或不规则形的病斑。叶片正面病斑上有淡褐色的轮纹，不太明显。病斑相互连接成片，使整个叶片皱缩、枯焦，叶片常破碎。幼茎及枝条上的病斑长椭圆形，红褐色；在潮湿条件下，叶片病斑的背面产生墨绿色的霉层，即病原菌的分生孢子及分生孢子梗。发病严重时病斑正面及枝干上的病斑也有少量的霉层。

牡丹红斑病霉层

牡丹红斑病

【发病规律】病菌以菌丝体和分生孢子在植株病部及病残体上越冬，第二年春产生分生孢子借风雨传播进行侵染为害。潮湿条件有利于病害发展。冬季修枝不彻底则次年发病重；开花后病害症状明显。

【防治方法】

（1）秋冬季除净病残体并及时烧毁。

（2）加强栽培管理，株丛过大要及时分株移栽，栽植密度不要过大，以利通风透光，降低田间小气候的湿度；加强肥水管理；及时清除田间杂草。

（3）休眠期发病重的地块喷洒波美 3 ～ 5 度的石硫合剂，或在早春展叶前喷洒 50% 多菌灵可湿性粉剂 800 倍液；在展叶后、开花前，喷洒 50% 多菌灵可湿性粉剂 1 000 倍液；落花后可交替喷洒 65% 代森锌可湿性粉剂 500 倍液、1% 波尔多液或 50% 多菌灵可湿性粉剂 1 000 倍液，7 ～ 10 天喷 1 次，连续 2 ～ 3 次，雨后重喷。

49. 金叶女贞褐斑病

金叶女贞褐斑病病原为素馨生棒孢（*Corynespora jasminiicola*），属于半知菌亚门丛梗孢目暗梗孢科棒孢霉属。

【寄主】金叶女贞。

【症状】主要为害金叶女贞的叶片，叶片上病斑褐色，近圆形，轮纹明显或不明显，边缘紫色，有时中心淡褐色，初期病斑较小，扩展后病斑变大，有时数个病斑融合成不规则形大斑，罹病叶片易脱落，亦可侵害嫩枝，形成褐斑。

金叶女贞褐斑病

【发病规律】病菌以菌丝体和分生孢子在病落叶、枯枝上越冬。分生孢子借风雨和气流传播，由伤口、气孔侵入，潜育期 10 ～ 20 天。植物生长茂密，天气潮湿或湿度大时易发此病害，植物基部接近地面的叶片发病重。

【防治方法】

（1）及时清除病残体，清扫落叶，集中深埋或烧毁。

（2）合理密植，适量增施磷钾肥。

（3）发病前用 80% 代森锌可湿性粉剂 500 ～ 600 倍液，75% 百菌清可湿性粉剂 1 000 倍液或 70% 甲基硫菌灵可湿性粉剂 1 000 倍液提前进行预防，发病初期喷洒 50% 退菌特可湿性粉剂 500 ～ 600 倍液或 50% 多菌灵 500 倍液等，每 10 ～ 15 天喷 1 次，连续 2 ～ 3 次。防止单一用药病菌产生抗性。

50. 松落针病

松落针病病原为松针散斑壳（*Lophodermium pinastri*），属于子囊菌亚门盘菌纲星裂盘菌目斑痣盘菌科散斑壳属。

【寄主】黑松、赤松、日本五针松、白皮松、华山松、马尾松、金钱松、红松、油松等。

【症状】此病侵染 2 年生针叶，初期产生黄色斑点或段斑，后期病斑颜色加深呈红褐色，至晚秋全叶黄褐脱落。第二年春季在凋落的针叶上产生典型的特征症状，即先在落针上出现纤细的黑色横线，将针叶分割成若干小段，在两横线间产生椭圆形黑色子实体即分生孢子器，以后再形成带光泽、漆黑或灰黑色米粒状小点，中央纵裂成一道窄缝，即为病菌成熟的子囊盘。

松落针病病原子囊盘

松落针病

【发病规律】病菌以子囊盘和菌丝体在感病落叶上越冬。3 ～ 4 月林间湿度大，子囊孢子借雨水和气流传播。当孢子接触松针叶，萌生芽管，从气孔侵入组织内吸取养分。病菌的潜育期较长，一般 50 天左右。病害的发生发展与寄主生长状况和

林间温湿度关系密切，在土地瘠薄，林地干旱，卫生状况差，林木生长衰弱，针叶的细胞膨压降低时最易感病。混交林比纯林感病轻。

【防治方法】

（1）加强栽培管理，及时防治病虫害，伐除生长衰弱或濒死木、被压木，修除重病株的下层枝，清扫林内落叶并集中烧毁。

（2）春夏子囊孢子散发高峰期之前喷洒 1∶1∶100 波尔多液、50% 退菌特可湿性粉剂 400 ～ 600 倍液、65% 代森锌可湿性粉剂 500 倍液或 45% 代森铵水剂 200 ～ 300 倍液。郁闭幼林或重病成林施放百菌清烟剂或硫磺烟剂。

51. 杉木叶枯病

杉木叶枯病病原为杉叶散斑壳（*Lophodermium uncinatum*），属于子囊菌亚门盘菌纲星裂盘菌目星裂菌科散斑壳属。

【寄主】松科云杉属、冷杉属的一些乔木。

【症状】主要为害植株的 2 年生针叶。春夏季感病针叶出现黄斑，并逐渐加深，逐渐向下和向内扩展全叶，秋季则呈枯黄色。在枯黄的病叶上可见圆形黑色的小点，即病菌的分生孢子器。翌年 3 月上、中旬，病叶上有或无黑色细横线、长椭圆形、漆黑色具光泽的小颗粒，中央有条纵裂缝，为病菌的子囊盘。病叶一般长时间不脱落。

杉木叶枯病

【发病规律】病菌以菌丝体和子囊盘在病叶中越冬。翌年春末夏初子囊孢子陆续成熟，从子囊盘中释放，借风雨气流传播，侵染针叶为害。中年林或郁闭度较大的林分受害较多。林地水肥条件差，造林后未及时抚育管理或林分过密，下部枝叶通风透光不良，杉木生长衰弱，容易感病。

【防治方法】

（1）春季修剪病枝和树基的濒死枝条，集中烧毁。

（2）加强栽培管理，当林木郁闭时应及时伐除，增强植株的生长势，提高抗病力。

（3）发病初期喷洒 70% 甲基托布津可湿性粉剂 800 ～ 1 000 倍液或 50% 多菌灵可湿性粉剂 800 倍液，每隔 10 ～ 15 天喷 1 次，连续喷 2 ～ 3 次。

52. 杨树黑斑病

杨树黑斑病病原为杨盘二孢菌（*Marssonina populi*），属于半知菌亚门腔孢纲黑盘孢目黑盘孢科盘二孢属。

杨树黑斑病

【寄主】杨属植物，以加拿大杨、北京杨、毛白杨等受害较重。

【症状】主要为害叶片，也可为害嫩梢。发病初期首先在叶背面出现针状凹陷发亮的小点，后病斑扩大到 1 mm 左右，黑色、略隆起，叶正面也随之出现褐色斑点，5 ～ 6 天后病斑（叶正、反面）中央出现乳白色突起的小点，即病原菌的分生孢子堆，以后病斑扩大连成大斑，多呈圆形，发病严重时，整个叶片变成黑色，病叶可提早脱落 2 个月。

【发病规律】病菌以菌丝体在落叶或枝梢的病斑中越冬，翌年 5 ～ 6 月，病菌新产生的分生孢子借风力传播落在叶片上，由气孔侵入叶片，3 ～ 4 天出现病状，5 ～ 6 天形成分生孢子盘进行再侵染，7 ～ 8 月为发病盛期，9 月末停止发病，10 月以后再度发病，直至落叶。发病轻重与环境关系密切，高温多雨、地势低洼、种植密度过大，发病最为严重。

【防治方法】

（1）加强栽培管理。增施有机肥、土杂肥，改善通风透光条件，增强树势，提高树木的抗病性；雨后要及时排除林地积水；随时清扫处理病叶、落叶，消除病源。

（2）在病害发病前，喷洒 1∶1∶200 倍波尔多液、65% 代森锰锌可湿性粉剂 500 倍液、50% 多菌灵可湿性粉剂 800 倍液、或 70% 甲基托布津可湿性粉剂 1 000 倍液等，连喷 2 ～ 3 次，控制病害发生蔓延。

53. 柿圆斑病

柿圆斑病病原为柿叶球腔菌（*Mycosphaerella nawae*），属于子囊菌亚门子囊菌纲盘菌目盘菌科球腔菌属。

【寄主】柿、君迁子。

柿圆斑病

【症状】主要为害叶片，也可为害柿蒂。叶片受害，最初在叶片正面产生针尖大小的黄色小点，渐变成淡褐色，边缘不明显，后病斑转为深褐色，中央稍浅，外围边缘黑色，病斑直径扩大为 1 ～ 7 mm。随着叶片变红，病斑四周出现黄绿色的晕圈，后期病斑上长出黑色小粒点。发病严重时，病叶在 5 ～ 7 天内即可变红脱落。柿蒂染病，病斑圆形褐色，病斑小，发病时间较叶片晚。

【发病规律】病菌以菌丝体在病叶中越冬，翌年 5 月下旬子囊壳成熟，子囊孢子随风雨传播，由叶背气孔侵入，经 60 ～ 100 天潜育期，8 月下旬至 9 月上旬开始发病，9 月下旬为发病高峰，10 月大量落叶。降水多、降水频繁的年份病害多严重。

【防治方法】

（1）秋末冬初及时清除病落叶，集中深埋或烧毁，以减少初侵染源。

（2）加强养护管理，增施基肥，干旱及时灌水。

（3）柿树落花后（6 月上中旬），子囊孢子大量飞散前，喷洒 1 : 1 : 100 波尔多液、65% 代森锰锌可湿性粉剂 500 倍液、64% 杀毒矾可湿性粉剂 500 倍液、70% 甲基硫菌灵可湿性粉剂 1 000 ～ 1 500 倍液、65% 代森锌可湿性粉剂 500 倍液或 50% 多菌灵可湿性粉剂 500 ～ 800 倍液。在重病区第 1 次药后要间隔 15 天再喷 1 次。

54. 银杏叶斑病

银杏叶斑病病原为银杏盘多毛孢（*Pestalotia ginkgo*），属于半知菌亚门腔孢纲黑盘孢目黑盘孢科盘多毛孢属。

【寄主】银杏。

【症状】发生于叶片周缘，逐渐发展成扇形或楔形的病斑，呈褐或浅褐色，后成灰褐色，病健组织交界处有鲜明的黄色带。至病害后期，在叶片的正面产生散生的黑色小点，有时成轮纹状排列，阴雨潮湿时，从小点处出现黑色带状或角状黏块。

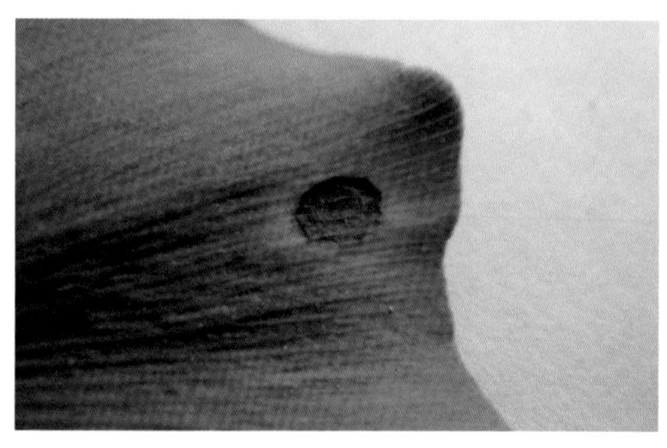

银杏叶枯病

【发病规律】病菌以菌丝体及其子实体在病叶上越冬，经风雨或昆虫传播引起发病，以衰弱树和树叶受伤处发病较多，特别是从虫伤处侵染发病最多，7 ～ 8 月前后开始发病，到秋季后发病加重，夏季的高温干燥或暴晒较烈的环境以及衰弱植株和树叶、受虫伤较多植株病害发生严重。

【防治方法】

（1）改善立地条件，提供良好的排灌系统，注意基肥的施用，以有机肥为主，注意 N、P、K 的平衡施用，避免高氮肥，培养健壮树势，增强抗病能力，及时收集病叶，集中烧毁。

（2）在发病前或初期，喷施 65% 代森锌可湿性粉剂 400 ～ 600 倍液，或 70% 甲基托布津可湿性粉剂 700 ～ 1 000 倍液等药剂，间隔 10 ～ 15 天，连续用药 2 ～ 3 次。用药间隔时间因病害严重程度及气候条件而定，强风过后，更应注意喷药保护，发现虫害及时防除，以减少伤口，防止病害发生。

55. 杜仲褐斑病

杜仲褐斑病病原为（*Cercospora* sp.），属于半知菌亚门丝孢纲暗色孢科尾孢属。

【寄主】杜仲。

【症状】主要为害叶片。发病初期，叶片上出现黄褐色斑点，扩展后成为红褐色椭圆形大斑，边缘明显，发病部位着生灰黑色小颗粒状物，即病菌的分生孢子盘。

杜仲褐斑病

【发病规律】病菌以分生孢子盘在病叶内越冬，翌年春季条件适宜时产生分生孢子，分生孢子借风雨进行传播。4 月中旬开始发病，7 ～ 8 月为发病盛期。管理差或土壤瘠薄、种植密度大及阴湿地块容易发病。

【防治方法】

（1）秋后彻底清除枯枝落叶，并集中烧毁。

（2）加强田间管理，增强树势。

（3）发病前喷洒 1 : 1 : 100 波尔多液进行保护，发病初期喷洒 50% 扑海因可湿性粉剂 800 ～ 1 000 倍液、50% 多菌灵可湿性粉剂 500 ～ 600 倍液或 65% 代森锌可湿性粉剂 500 倍液，间隔 10 天喷 1 次，连喷 2 ～ 3 次。

56. 雪松叶枯病

雪松叶枯病病原为柳杉拟盘多毛孢菌（*Pestalotiopsis cryptomeriae*），属于半知菌亚门腔孢纲黑盘孢目黑盘孢科拟盘多毛孢属。

【寄主】雪松。

【症状】主要为害梢部新、老针叶，也可侵染嫩梢。病针叶因发病部位不同有尖枯型、段斑型、基枯型，即叶尖、叶中部或叶基部成段状变褐枯死，病健交界处有一红褐色环带，有的整叶变褐枯死，后期在枯死处可长出小黑点状分生孢子盘，雨后可排出黑色卷丝状分生孢子角，秋季病叶大量脱落。新梢受害后，在 6 ～ 8 cm 处变褐或黑褐色，并缢缩，使上部针叶变黄，梢顶部弯头枯死。

雪松叶枯病

【发病规律】病菌以菌丝体或分生孢子盘在病株上或落叶中越冬。在 6 ～ 8 月高温多雨的条件下发病严重。肥水不足、生长衰弱的植株易感病。病菌孢子随雨水和风传播，6 ～ 8 月可多次重复传播侵染。

【防治方法】

（1）对苗圃和林地增施有机肥；适时浇水和排涝；增强树体营养，并采取防冻措施，以增强抗病力。苗圃周围和雪松栽植区，不混栽易感病的核桃、杨树、泡

桐、苹果等树种，防止病菌相互传染。

（2）发病初期，用 50% 多菌灵可湿性粉剂 500 ～ 800 倍液或 70% 甲基托布津可湿性粉剂 800 ～ 1 000 倍液喷雾进行防治。

57. 山茶褐斑病

山茶褐斑病病原为山茶叶点霉（*Phyllosticta camelliaecola*），属于半知菌亚门腔孢纲球壳孢目球壳孢科叶点霉属。

【寄主】山茶。

【症状】主要为害叶片、叶芽和花蕾，病菌多从叶片和苞片边缘侵入，初期病斑呈黄褐色，在扩大过程中颜色逐渐转深，边缘暗褐色，内部黄褐色，最后为赤褐色的不规则形大斑。花芽的苞片色较浅，病斑内缘有深褐色的隆起线，与健部界限明显，后期病斑表面散生许多清晰的灰暗色小粒点。严重受害的叶片、花蕾脱落。

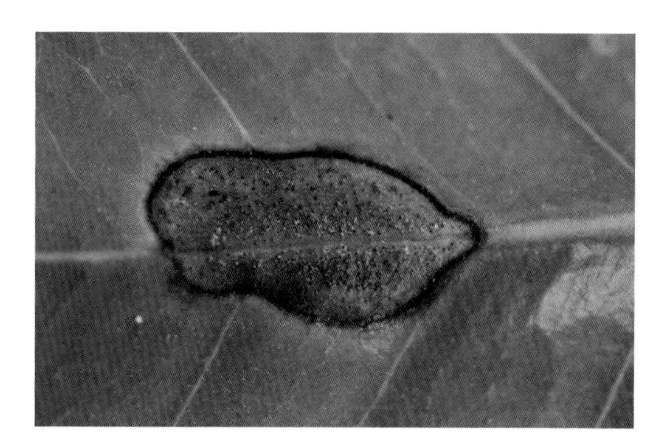

山茶褐斑病

【发病规律】病菌以菌丝体及分生孢子器在山茶花病叶或落叶上越冬。翌年春暖，产生分生孢子借风雨传播为害。高温干燥有利于该病的发生。

【防治方法】

（1）加强栽培管理，适当增加株、行的间距，保持通风良好；经常除草、松土、排除积水；合理施肥，并切忌偏施氮肥，增施磷钾肥；管理操作时避免伤叶，见干见湿，增强植株抗病力，减少染菌机会。

（2）发现病叶要立即摘除并集中烧毁，以减少侵染源。

（3）发病初期喷洒 65% 代森锌可湿性粉剂 500 倍液、50% 退菌特可湿性粉剂 600 倍液、50% 甲基硫菌灵 • 硫磺悬浮剂 800 倍液或 70% 甲基托布津可湿性粉剂 800 ～ 1 000 倍液等，每 10 ～ 14 天喷 1 次叶面，连续 2 ～ 3 次，宜在傍晚进行。

58. 枇杷斑点病

枇杷斑点病病原为枇杷叶点霉（*Phyllosticta eriobotryae*），属于半知菌亚门腔孢纲球壳孢目球壳孢科叶点霉属。

枇杷斑点病

【寄主】枇杷。

【症状】又称为枇杷圆斑病。为害叶片，病斑开始为赤褐色小点，逐步扩大成圆形，沿叶缘发生的呈半圆形，几个病斑可连成不规则形斑点，病叶的局部或整片枯死。病斑中央灰黄色，外缘灰棕色或赤褐色。后期长出许多小黑点，轮生或散生，即病菌的分生孢子器。

【发病规律】病菌以菌丝和分生孢子器及分生孢子在病部或病残组织上越冬，翌年 3 ～ 4 月间遇降雨或潮湿天气，产生分生孢子通过风、雨或昆虫传播进行初侵染，发病后，病部又产生大量分生孢子进行多次再侵染。枇杷园管理不善或肥水不足易发病。

【防治方法】

（1）结合冬季修剪彻底清除病枝落叶、烂果等，以减少菌源。

（2）加强管理，增施有机肥，及时浇水，雨后低洼处要及时排水，防止湿气滞留，保持植株生长壮旺。

（3）春季展叶期喷洒 1 : 1 : 100 波尔多液进行预防，发病初期喷洒 70% 甲基托布津可湿性粉剂 800 ～ 1 000 倍液或 65% 代森锌可湿性粉剂 500 倍液。

59. 连翘叶斑病

连翘叶斑病病原为连翘叶点霉（*Phyllosticta forsythiae*），属于半知菌亚门腔孢纲球壳孢目球壳孢科叶点霉属。

【寄主】连翘。

【症状】主要为害叶片，病斑圆形至不规则形，受叶脉限制，直径 2 ～ 10 mm，常多斑融合。发病初期为淡褐色小斑，后期变为锈褐色至暗褐色，中央浅黄色，边缘深褐色，病斑上散生小黑点，即病菌的分生孢子器。

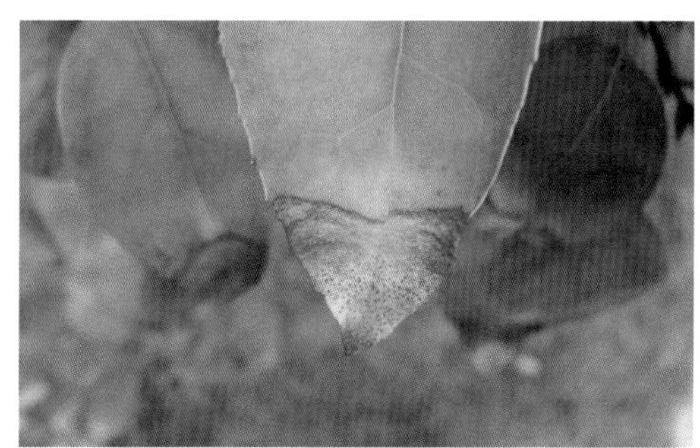

连翘叶斑病

【发病规律】病菌以分生孢子器在病残体上越冬。翌年春季气温升高时，产生大量的分生孢子进行侵染。在温暖多雨，空气潮湿、通风不良的环境有利于病害的发展。

【防治方法】

（1）加强养护管理，清除冗杂枝和过密枝，使植株保持通风透光，加强水肥管理，注意营养平衡，不可偏施氮肥。

（2）发病初期喷施 75% 百菌清可湿性粉剂 800 倍液或 50% 多菌灵可湿性粉剂 800 倍液进行防治，间隔 10 天 1 次，连续喷 3 ～ 4 次。

60. 栀子叶斑病

栀子叶斑病病原为栀子生叶点霉（*Phyllosticta gardeniicola*），属于半知菌亚门腔孢纲球壳孢目球壳孢科叶点霉属。

栀子叶斑病

【寄主】栀子。

【症状】主要为害叶片，病菌多自叶尖或叶缘侵入。感病叶片初期出现圆形或近圆形病斑，淡褐色或中央灰白色，边缘褐色，有稀疏轮纹，几个病斑愈合后形成不规则大斑，使叶片枯萎；后期病斑表面散生稀疏黑色小点，埋生于表皮下。

【发病规律】病菌以菌丝体或分生孢子器在病落叶或病叶上越冬。翌春产生分生孢子，随风雨传播蔓延。栽植过密、通风透光不良、浇水不当等情况下容易发病。

【防治方法】

（1）秋、冬季节剪除树上的重病叶，清扫落叶，并集中销毁，以减少侵染源。

（2）栽植不宜过密，适当进行修剪，以利于通风、透光；浇水时尽量不沾湿叶片，最好在晴天上午进行为宜。

（3）发病初期喷施 70% 甲基托布津可湿性粉剂 800 ～ 1 000 倍液、50% 甲基硫菌灵 • 硫磺悬浮剂 800 倍液或 75% 百菌清可湿性粉剂 500 ～ 800 倍液防治，每隔 10 天喷 1 次，连续 2 ～ 3 次。病害严重时，可喷施 65% 代森锌可湿性粉剂混合 50% 多菌灵可湿性粉剂 600 ～ 800 倍液，控制病害蔓延和扩展。

61. 爬山虎叶斑病

爬山虎叶斑病病原为爬山虎叶点霉（*Phyllosticta hedericola*），属于半知菌亚门腔孢纲球壳孢目球壳孢科叶点霉属。

【寄主】爬山虎。

【症状】发病初期叶片上出现黄褐色小斑点，后扩大成近圆形病斑，直径 3 ～ 6 mm，后期病斑中央灰白色，但叶缘为褐色，病斑上散生黑色小点粒，即分生孢子器，可引起爬山虎叶枯早落。

爬山虎叶斑病

【发病规律】病菌以菌丝体、分生孢子器在病落叶残体中越冬。翌年春季温度适宜，分生孢子器萌动时，即开始侵染，一般借风雨传播，多伤口易侵入为害。一般 4 月为初发期，6 ～ 8 月为盛发期。

【防治方法】

（1）定期清除病落叶，减少菌源。

（2）发病初期喷施 1% 波尔多液、70% 甲基托布津可湿性粉剂 800 ～ 1 000 倍液、50% 多菌灵可湿性粉剂 800 倍液或 75% 百菌清可湿性粉剂 500 ～ 800 倍液。

62. 八仙花叶斑病

八仙花叶斑病病原为八仙花叶点霉菌（*Phyllosticta hydrangeae*），属于半知菌亚门腔孢纲球壳孢目球壳孢科叶点霉属。

八仙花叶斑病

【寄主】八仙花。

【症状】主要为害叶片。叶片受侵染后初为暗绿色、水渍状的小斑点，逐渐扩大到 1 ～ 3 mm，最大可达 15 mm 左右。后期病斑暗褐色，中央变灰白色，边缘紫褐色，略隆起。病部产生黑色小粒点，即病菌的分生孢子器。

【发病规律】病菌以菌丝体或分生孢子盘在被害叶内越冬。翌年春温湿度适宜时，产生大量分生孢子，借风雨飞溅传播，侵染叶片。种植过密，通风不良、多雨季节时容易发病。

【防治方法】

（1）加强养护管理，合理密植、合理施肥、合理修剪、注意通风透光，彻底清除病残体，烧毁或深翻土地，减少侵染源。

（2）发病初期喷洒 75% 百菌清可湿性粉剂 500 ～ 800 倍液、65% 代森锌可湿性粉剂 500 倍液、1 : 1 : 100 波尔多液，间隔 10 天左右，连续用药 2 ～ 3 次。

63. 南天竹叶斑病

南天竹叶斑病病原为南天竹尾孢（*Phyllosticta nandiae*），属于半知菌亚门腔孢纲球壳孢目球壳孢科叶点霉属。

【寄主】南天竹。

【症状】病害为害叶片。发病初期在叶尖和叶缘处出现枯黄色圆形小斑，以后逐渐扩大成半圆形或不规则形，病斑中央灰褐色，并散生黑色小点。

南天竹叶斑病

【发病规律】病菌以菌丝体或分生孢子器在病叶残体上越冬。翌年春暖，产生分生孢子，借风雨和水滴飞溅传播。高温高湿有利于病害的发生。

【防治方法】

（1）剪除病叶和清除落叶，集中烧毁。

（2）发病时，喷施65%代森锌可湿性粉剂500倍液或50%退菌特可湿性粉剂600倍液防治。

64. 女贞叶斑病

女贞叶斑病病原为女贞叶点霉（*Phyllosticta ligustri*），属于半知菌亚门腔孢纲球壳孢目球壳孢科叶点霉属。

【寄主】女贞属的乔灌木。

【症状】主要为害叶片，叶上病斑圆形至近圆形，大小2～6 mm，中央浅褐

女贞叶斑病

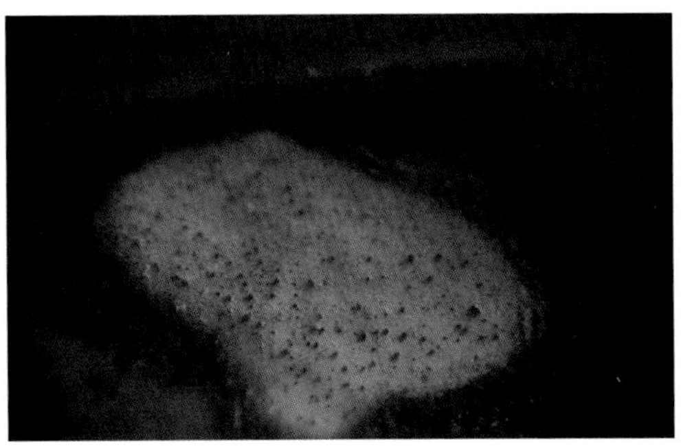

女贞叶斑病病原分生孢子器

色，四周边缘色深，病斑上有时生少量褐色小点，即病原菌的分生孢子器。

【发病规律】病菌以分生孢子器在病叶上越夏或越冬，翌春条件适宜时产生分生孢子进行初侵染和再侵染，多发生在 7 ～ 11 月。多雨或湿度大、通风不良有利其发病。

【防治方法】

（1）摘除病叶，集中烧毁；加强养护管理，忌土壤积水，增施腐殖质肥和钾肥，提高抗病力。

（2）发病初期喷洒 75% 百菌清可湿性粉剂 700 倍液或 1 : 1 : 100 波尔多液、50% 苯莱特可湿性粉剂 1 000 倍液进行防治。

65. 朴树叶枯病

朴树叶枯病病原为（*Phyllosticta osmanthicola*），属于半知菌亚门腔孢纲球壳孢目球壳孢科叶点霉属。

【寄主】朴树、榉树。

【症状】病斑初为淡褐色小点，后渐扩大为不规则的大型斑块，灰褐色至红褐色，有时脆裂，边缘色深，稍隆起，后期病部散生很多小黑点，病斑背面颜色较浅。

朴树叶枯病

【发病规律】病菌以分生孢子器在病叶上越冬，翌年春季温湿度适宜时，产生

大量分生孢子，借风雨传播。病菌发育温度为 10 ～ 33℃，最适温度为 27℃。病害多发生在 7 ～ 11 月，在高温和高湿、通风不良的环境及植株长势衰弱时，发病严重。

【防治方法】

（1）加强栽培管理，切忌土壤积水，适量增施腐殖质肥和钾肥，合理密植，保持通风透光，以提高植株抗病力，控制病害的发生。

（2）发病期可用 65% 代森锌可湿性粉剂 500 倍液、50% 多菌灵可湿性粉剂 800 倍液或 75% 百菌清可湿性粉剂 800 倍液喷雾防治。

66. 桂花枯斑病

桂花枯斑病病原为（*Phyllosticta osmanthicola*），属于半知菌亚门腔孢纲球壳孢目球壳孢科叶点霉属。

【寄主】金桂、银桂、水蜡树等。

【症状】病菌多从叶片的叶缘、叶尖侵入。开始为淡褐色小点，后渐扩大为不规则的大型斑块，若几个病斑连接，全叶即干枯 1/3 ～ 1/2。病斑灰褐色，后期病部散生很多小黑点。

【发病规律】病菌以菌丝体或分生孢子器在病叶上越冬，翌年春季温湿度适宜时，产生大量分生孢子，借风雨传播。病菌发育温度为 10 ～ 33℃，最适温度为

桂花枯斑病

27℃。病害多发生在 7 ～ 11 月，在高温和高湿、通风不良的环境及植株长势衰弱时发病严重。

【防治方法】

（1）加强栽培管理，切忌土壤积水，适量增施腐殖质肥和钾肥，合理密植，保持通风透光，以提高植株抗病力，控制病害的发生。

（2）发病期可用 65% 代森锌可湿性粉剂 500 倍液、50% 多菌灵可湿性粉剂 800 倍液或 75% 百菌清可湿性粉剂 800 倍液喷雾防治。

67. 法国冬青叶斑病

法国冬青叶斑病病原为（*Phyllosticta punctata*），属于半知菌亚门腔孢纲球壳孢目球壳孢科叶点霉属。

【寄主】法国冬青。

【症状】主要为害叶片，病斑初为褪绿圆斑，扩大后呈椭圆形或不规则形，边缘灰暗黑色，后期中央灰白色至褐黑色，细密小黑点即病菌的分生孢子器。

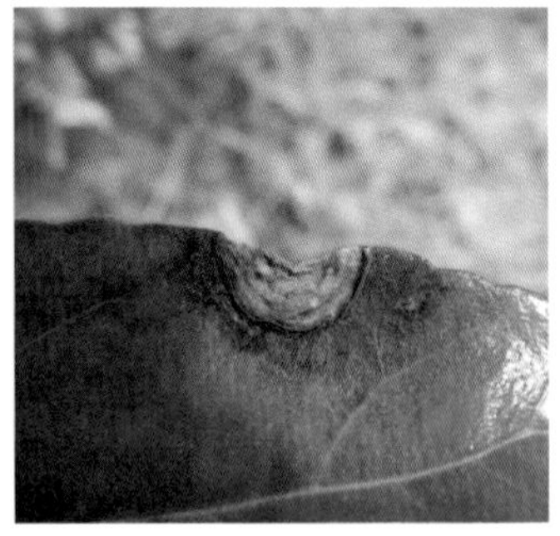

法国冬青叶斑病

【发病规律】病菌以分生孢子器在病残株组织中越冬。翌年春暖花开季节，分生孢子器借风、雨水释放孢子，传播发病，叶点霉以伤口侵入为主，5 ～ 6 月发病，8 ～ 10 月为发病盛期。当高温高湿、植株生长衰弱时有利于病害的发生。

【防治方法】

（1）改善生态环境，加强养护管理，注意修剪，增加通风透光，清除病落叶，集中烧毁。

（2）发病初期喷洒 65% 代森锌可湿性粉剂 500 倍液、1∶1∶200 波尔多液、50% 多菌灵可湿性粉剂 800 倍液或 75% 百菌清可湿性粉剂 800 倍液喷雾防治。

68. 棣棠叶斑病

棣棠叶斑病病原为（*Phyllosticta* sp.），属于半知菌亚门腔孢纲球壳孢目球壳孢科叶点霉属。

【寄主】棣棠。

【症状】主要为害叶片。发病初期，在近叶缘处产生圆形或近圆形至不规则形，灰白色至白色病斑，有的深入至中脉处，病斑周缘褐色，边缘较宽，后期其上密生黑色小粒点，即病原菌的分生孢子器。

棣棠叶斑病

【发病规律】病菌以菌丝体和分生孢子器在病部或病落叶上越冬，翌春产生分生孢子，借风雨传播。秋季发病较多，为害也重。一般高温多雨年份发病早且为害重。

【防治方法】

（1）秋末冬初彻底清除病落叶，并集中深埋或烧毁，以减少初侵染源。

（2）发病初期喷洒 1 : 1 : 100 波尔多液、50% 多菌灵可湿性粉剂 800 倍液、50% 退菌特可湿性粉剂 600 倍液或 75% 百菌清悬浮剂 800 倍液。

69. 竹黑痣病

竹黑痣病病原为多种黑痣菌（*Phyllachora* sp.），属于子囊菌亚门核菌纲球壳菌目黑痣菌科黑痣菌属。

【寄主】淡竹、刚竹、箭竹、刺竹、苦竹及慈竹等竹种。

【症状】发病初期，感病叶面产生苍白色小斑点，以后扩大为圆形、椭圆形或纺锤形病斑，病斑渐变为橙黄至赤色。发病后期，病斑上产生疹状隆起、有光泽的小黑点，为病原菌的子座。其外围有明显的橙黄色的变色圈。病斑可互相联合成不规则形，发病严重时，一个叶片上可同时发生很多个病斑，最后病叶局部或全部变褐枯死，病叶易枯脱落。

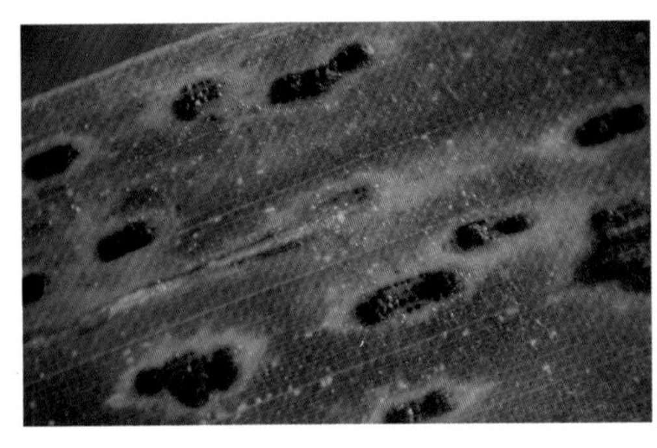

竹黑痣病病原子座

竹黑痣病

【发病规律】病菌以菌丝体或子座在病叶中越冬。翌年 4 ～ 5 月子实体成熟，释放子囊孢子，子囊孢子借风雨传播进行为害。病竹发病从近地面的叶片开始，然后逐渐往上蔓延。

【防治方法】

（1）在早春之际，收集病枝、叶，集中销毁，减少侵染源。

（2）加强抚育管理，适当疏伐，增加竹林的通光透气，及时松土、施肥，以促

进竹子生长，增强抗病力。

（3）发病初期，喷施 1∶1∶100 波尔多液，或 75% 百菌清可湿性粉剂 800 倍液或 50% 托布津可湿性粉剂 500～800 倍液，每隔 10～15 天喷 1 次，连续喷 2～3 次。

70. 金银木叶斑病

金银木叶斑病病原为忍冬生假尾孢（*Pseudocercospora lonicericola*），属半知菌亚门子囊菌纲链孢霉目黑霉科假尾孢菌。

金银木叶斑病

【寄主】金银木、刺毛忍冬、忍冬等。

【症状】主要为害叶片，病斑近圆形至不规则形，宽 2～10 mm，常多斑融合。叶上病斑浅黄褐色至浅褐色或中央浅褐色，边缘褐色，有时中央灰白色至浅褐色，边缘暗褐色至近黑色，叶背面病斑浅青黄色。

【发病规律】病菌以菌丝体在病落叶上越冬，翌年 4 月下旬至 5 月上旬，气温升至 20℃时，产生分生孢子，借风雨传播进行初侵染和多次再侵染。夏秋多雨季节、湿度大有利于发病，一直延续到 10 月。

【防治方法】

（1）加强管理，满足其对肥水的要求，秋末冬初及时清除病落叶，集中深埋或烧毁，以减少菌源。

（2）4 月底至 5 月初开花之后及时喷洒 50% 甲基硫菌灵·硫磺悬浮剂 600 倍液、50% 多菌灵可湿性粉剂 800 倍液或 70% 代森锰锌可湿性粉剂 800 倍液，每间隔 10～15 天，连续用药 2～3 次。

71. 锦带花灰斑病

锦带花灰斑病病原为锦带花假尾孢（*Pseudocercospora weigelae*），属于半知菌亚门子囊菌纲链孢霉目黑霉科假尾孢菌。

【寄主】锦带、海仙花。

【症状】主要为害叶片。叶上散生多角形至不规则形病斑，大小 2 ～ 5 mm，红褐色，后期中部逐渐变为灰褐色，病斑上生出灰色霉层，即病原菌分生孢子梗和分生孢子。

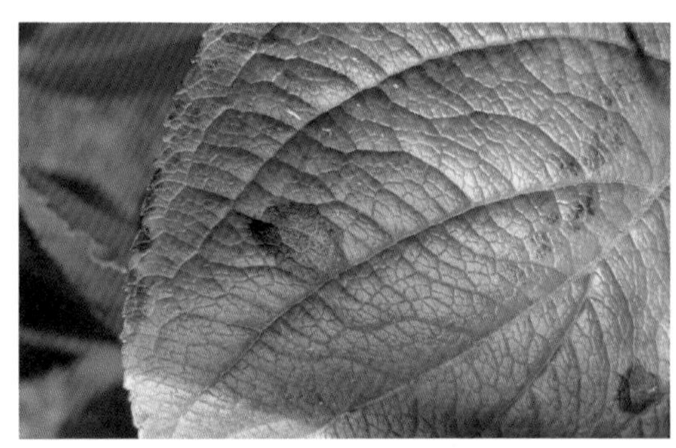

锦带花灰斑病

【发病规律】病菌以分生孢子随病残体遗落在土壤中越冬，翌春温湿度合适时，分生孢子借风雨传播，进行初侵染和再侵染，使病害不断扩展。

【防治方法】

（1）秋末冬初及时清除病落叶，集中深埋或烧毁，以减少菌源。

（2）发病初期喷洒 1∶1∶100 倍式波尔多液、50% 多菌灵可湿性粉剂 800 倍液或 70% 代森锰锌可湿性粉剂 800 倍液，每间隔 10 ～ 15 天喷 1 次，连续喷 2 ～ 3 次。

72. 桑褐斑病

桑褐斑病病原为桑粘隔孢（*Septogloeum mori*），属于半知菌亚门腔孢纲黑盘孢目黑盘孢科粘隔孢属。

桑褐斑病

【寄主】桑。

【症状】桑树感病初期，叶片正反面出现淡褐色至暗褐色小点，水浸状，芝麻粒大小，散生。随病情扩展，病斑常受叶脉所限，呈不规则形，边缘暗褐色，中间淡褐色。发病后期，在病斑部产生白色或微红色粉质块，为分生孢子团，经雨水冲刷，常露出黑色小点，为分生孢子盘；发病严重时，数个病斑可连接成片，病斑中部穿孔。发病严重时，叶片枯黄易脱落。

【发病规律】病菌以分生孢子盘在残留的病叶里越冬，翌年春暖产生分生孢子，随风雨传播到叶面引起发病，并不断繁殖传播，扩大为害。高温多湿利于桑褐斑病的发生，多湿是发病的主要因素。一般 5 ～ 6 月流行此病，直到 10 月落叶前。早春雨水多的年份发病较重，地下水位高、排水不良、栽植过密、通风透光差等条件下发病严重，肥料不足或偏施氮肥的也易发病。

【防治方法】

（1）冬季彻底清除落叶，修剪病枝，集中烧毁，减少侵染源。

（2）选栽抗病良种，以叶表光滑、角质层厚的品种较抗桑褐斑病。

（3）加强养护管理，增施有机肥，增强树势生长。

（4）发病初期用 50% 多菌灵可湿性粉剂 800 倍液、75% 百菌清可湿性粉剂 500 ～ 800 倍液或 70% 甲基硫菌灵可湿性粉剂 1 000 ～ 1 500 倍液喷雾防治，隔 10 天后再用药一次。休眠期喷洒 1% 波尔多液等铜制剂，在桑芽萌发前喷洒 80 倍液硫悬浮剂等。

73. 海桐白星病

海桐白星病病原为海桐花壳针孢（*Septoria pittospori*），属于半知菌亚门腔孢纲球壳孢目球壳孢科壳针孢属。

【寄主】海桐。

【症状】病害发生于叶片上，病斑圆形，直径 2 ～ 4 mm，初为褐色，边缘暗褐色，后中央变为白色，上生微细的小黑点，引起叶片黄化早落。

海桐白星病

【发病规律】病菌主要以菌丝体和分生孢子器在病残株组织中过冬，土层表面含有大量病原。种子内部也能带菌；潮湿条件下，容易产生丝状或长筒形分生孢子，直接从伤口侵入（部分也可从气孔侵入），病害多先引起下部叶片发病，逐渐向上蔓延，植株的幼嫩组织比较抗病。

【防治方法】

（1）春秋季或开花后，及时清理病残株败叶，减少菌源。

（2）低洼潮湿地注意通风透光。

（3）休眠期喷洒3～5波美度的石硫合剂或选用1∶1∶100波尔多液，进行预防；发病初期，喷施 75% 百菌清可湿性粉剂 500 倍液或 70% 代森锰锌可湿性粉剂 800 倍液，每隔 10 ～ 15 天喷 1 次，连续喷 2 ～ 3 次。

74. 八仙花灰霉病

八仙花灰霉病病原为灰葡萄孢菌（*Botrytis cinerea*），属于半知菌亚门丝孢纲丝孢目丝孢科葡萄孢属真菌。

【寄主】八仙花、蔷薇、大丽花等。

【症状】为害八仙花植株的芽及花。露地栽培的植株，易发生于密集的球形花丛，使之产生水渍状腐烂。温室栽培时，容易发生芽变黑并枯萎。

八仙花灰霉病

【发病规律】病菌以菌丝体在病残体中越冬。翌年春季产生分生孢子，分生孢子借风雨传播侵染植株，分生孢子在生长季节可重复侵染寄主。温暖潮湿条件下，病害发生严重。

【防治方法】

（1）加强肥水管理，增施磷钾肥，注意排水，培育健壮植株，提高抗病性和愈伤能力。

（2）及时清除老叶、病花、枯枝败叶，集中烧毁，减少病原的积累。

（3）春季多雨时，可用1∶1∶100波尔多液喷洒2～3次，预防发病。发病初期，喷洒65%代森锌可湿性粉剂500倍液、75%百菌清可湿性粉剂500～600倍液或25%甲霜灵可湿性粉剂800倍液。

75. 迎春花黑霉病

迎春花黑霉病病原（*Cladosporium herbarum*）属于半知菌门丝孢纲丝孢目暗色孢科枝孢霉属。

【寄主】迎春花。

【症状】主要为害叶片和花。病斑圆形或不规则，周围黄褐色，中央为橄榄褐色的霉层，直径约 3 mm，为害花器引起花腐。

迎春花黑霉病

【发病规律】病菌主要以菌丝体在病部组织中越冬。翌年产生分生孢子借风雨、水溅进行传播为害。

【防治方法】

（1）清除病残株及落叶，集中烧毁，减少病源。

（2）萌芽前喷施 3 ～ 5 波美度石硫合剂预防发病。发病期间喷施 25% 甲霜灵可湿性粉剂 800 倍液、70% 甲基硫菌灵可湿性粉剂 1 000 倍液或 50% 苯莱特可湿性粉剂 1 000 倍液，控制病害发生和蔓延。

76. 紫薇煤污病

紫薇煤污病病原为煤炱菌（*Capnodium* sp.），属于子囊菌亚门腔菌纲座囊菌目煤炱科煤炱属。

【寄主】紫薇、桂花、山茶、构骨、柑橘等。

【症状】主要为害叶片和枝条，病害先是在叶片正面沿主脉产生，后逐渐覆盖整个叶面，严重时叶片表面、枝条甚至叶柄上都会布满黑色煤粉状物；这些黑色粉状物会阻塞叶片气孔，妨碍正常的光合作用。

紫薇煤污病

【发病规律】病菌以菌丝体或子囊座在病叶或病枝上越冬。因为紫薇长斑蚜和紫薇绒蚧排泄的黏液会为煤污病的病原菌提供营养，所以，一般在这两种虫害发生后，煤污病均会大量发生。而6月下旬至9月上旬是紫薇绒蚧及紫薇长斑蚜的为害盛期，况且此时的高温、高湿也有利于此病的发生，故春（越冬病菌引起）、秋（绒蚧和长斑蚜引起）季是紫薇煤污病的盛发期。

【防治方法】

（1）加强栽培管理，合理安排种植密度；及时修剪病枝和多余枝条，以利于通风、透光，从而增强树势，减少发病。

（2）加强对长斑蚜、绒蚧的防治，是预防煤污病的关键因素。对上年发病较为严重的植株，可在春季萌芽前喷施3～5波美度的石硫合剂，以消灭越冬病源。对生长期遭受煤污病侵害的植株，可喷洒70%甲基托布津可湿性粉剂1 000倍液、65%代森锌可湿性粉剂500倍液、25%粉锈宁可湿性粉剂1 500～2 000倍液或1%波尔多液，自5月中旬起，每隔10天喷1次，共喷3～4次。

77. 细菌性穿孔病

细菌性穿孔病病原为黄单胞杆菌（*Xanthomonas campestris*），属细菌。

【寄主】油茶、碧桃、樱桃、红叶李、李、杏等核果类植物。

细菌性穿孔病

【症状】叶受害最重，也为害枝和果。叶上初生水渍状小点，后渐扩大为圆形或不规则形，紫褐色至黑褐色斑点，直径约 2 mm，周围有水渍状黄绿色晕环，边缘有裂纹，最后脱落穿孔。孔的边缘不整齐。枝的病斑有两种，即春季溃疡斑和夏季溃疡斑。春季溃疡斑，发生在前一年夏季已被侵染发病的枝条上，病斑暗褐色小疱疹状，直径约 2 mm，后扩展可达 1 ～ 10 cm，宽度多不超过枝条直径的一半；夏季溃疡斑，夏末在当年生嫩枝条上发生，圆形水渍状，暗褐色，稍凹陷，边缘水渍状，潮湿时，其上溢出黄白色黏液。

【发病规律】病原菌在被害枝条和芽内，甚至在不表现症状的组织内越冬，翌年春天，病菌随风雨或昆虫传播到叶、枝和果实，感染可发生在展叶后的任何时期。由叶片的气孔、枝条和果实的皮孔侵入。潜育期 7 ～ 14 天，大多在 4 ～ 5 月中旬出现症状，8 月为发病盛期。温度低、树势强，潜育期长；反之，潜育期短，发病快。24 ～ 28℃为发病适宜温度。第一次感染后，以后每年都会发生，第 2 年发生的程度取决于树势、天气及管理等。温暖多雨、大风重雾、树势衰弱、排水不良、通风透光差发病重。

【防治方法】

（1）加强树体管理，增施有机肥，不要偏施氮肥，合理修剪造型，注意通风透光。

（2）结合冬季修剪，剪除病枝、枯枝，彻底清除落叶，集中深埋。

（3）发芽前喷 3 ～ 5 波美度石硫合剂、45% 晶体石硫合剂 30 倍液或 1 : 1 : 200 波尔多液进行预防。发芽后喷施 72% 农用链霉素可溶性粉剂 3 000 倍液或 72% 硫酸链霉素可溶性粉剂 4 000 倍液，还可喷洒机油乳剂 10 : 代森锰锌 1 : 水 500 的混合液，兼治蚜虫、介壳虫、叶螨等，每 15 天喷 1 次，喷 2 ～ 3 次。

78. 银杏叶烧病

银杏叶烧病是由一种病原细菌引起的，通过叶蝉将病菌传给健康的树木。细菌一旦进入植物，就会在叶、枝和根的木质部生长繁殖。细菌性叶烧病导致叶、嫩枝和分枝中的维管组织堵塞而产生的植物水分胁迫。

【寄主】银杏、白蜡、栎树、桑树、榆树、槭树、枫杨等。

【症状】叶边缘呈棕色，在棕色和绿色之间经常出现明显的黄带，大发生可引起树木提前落叶、枯梢，甚至整株死亡。

银杏叶烧病

【发病规律】此病害通常在 7 月下旬至 8 月上旬开始出现，到 9 月开始发生落叶现象。这种特征最初表现在一个树枝上，随着病菌的不断传播，在数年后会遍布整个树冠。在较大的树上，该病菌蔓延到整个树冠需要 5 ～ 10 年时间。经过几年病斑积累后，树枝数量通常会减少，生长势明显减弱。由于该病害导致树木连续几年提前落叶和水分胁迫，最后发生枯梢。染有细菌性叶烧病的大树可存活大约 10 年，而小苗木在 3 ～ 4 年内就会死亡。

【防治方法】

（1）防止叶蝉传播该病的病原，叶蝉在整个生长季节都有活动，用杀虫剂控制病原的载体是预防该病害的唯一方法。

（2）树木染病后，向树干内注射抗生素对叶斑有一定的抑制作用。然而这种治疗方法必须每年进行，否则会恢复到治疗前的状态。5月下旬和6月上旬是治疗该病最佳时间。可用72%农用链霉素可溶性粉剂2 000倍液树干注射，能减轻症状并延长树的寿命。

（3）如果早期发现，彻底修剪病枝可能是最有效的方法。因为枝条被病菌侵染后，在短时间内还没有症状表现，所以，在剪除病枝时，要将带病枝条以下部分剪除。

（4）加强栽培管理，提高树势。

79. 法桐细菌性叶斑病

法桐细菌性叶斑病病原为法桐叶斑病病原（*Pseudomonas syringae* pv. *lachrymans*）属于假单胞杆菌，丁香假单胞杆菌黄瓜角斑病致病变种。

【寄主】法桐。

【症状】为害叶片、叶柄和小枝。叶片上初生水浸状半透明小点，以后扩大成浅黄色斑，边缘具有黄绿色晕环，最后病斑沿叶缘呈黄褐至黑褐坏死干枯，中央变

法桐细菌性叶枯病

法桐细菌性叶枯病小枝为害状

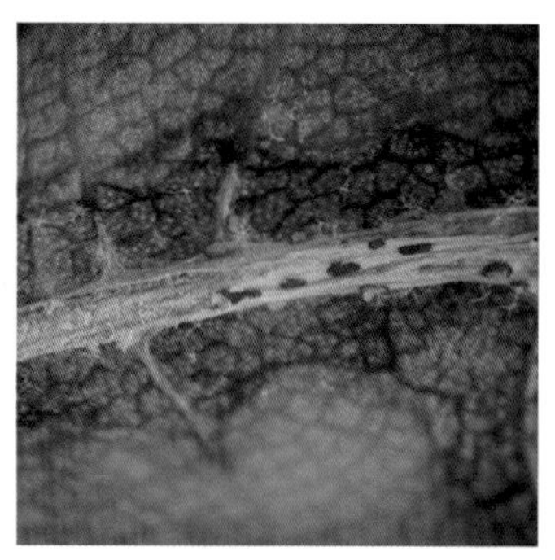

法桐细菌性叶枯病溢脓

褐或呈灰白色，湿度高时叶背溢出乳白色菌液。

【**发病规律**】一般 5 ～ 6 月发病，引起落叶。病原菌在病残体和种子上越冬，成为下一个生长季的初侵染源，翌年发病期随风雨或昆虫传播侵染寄主。可在生长季节不断侵染。叶斑病的流行需要降雨量较大、降雨次数较多、温度适宜的气候条件。

【**防治方法**】

法桐发芽前，喷洒 1 : 1 : 100 倍波尔多液或 3 ～ 5 波美度的石硫合剂进行预防；发病初期喷施 72% 农用链霉素可溶性粉剂 3 000 ～ 4 000 倍液，每隔 7 天喷 1 次，连喷 2 ～ 3 次。

80. 紫藤脉花叶病

紫藤脉花叶病的病原为紫藤脉花叶病毒（Wistaria Vein Mosaic Virus，WVMV），属马铃薯 Y 病毒群。

【**寄主**】紫藤。

【**症状**】紫藤及多花紫藤的叶片侧脉变黄或明脉，渐扩大成放射型病斑或斑驳。有时主脉黄化，后出现星状斑纹或环纹。严重时叶片畸形。

【**发病规律**】初侵染源是带病紫藤。由桃蚜和豆蚜作非持久性传毒，汁液也能传病。

紫藤脉花叶病

【**防治方法**】

（1）严格挑选无病毒的繁殖材料，发现病株立即拔除烧毁。

（2）定期喷施杀蚜虫药剂，防止昆虫介体传播病毒。

（3）发病初期喷洒对病毒病有效的药剂，如病毒特、病毒灵、抗毒剂 1 号等。

第二章　干、茎、枝部病害

园林树木干、茎、枝部病害为害性大，受害后易引起枝枯落叶或全株枯死，大大降低观赏价值，有时会造成不可挽回的损失。病原包括生物性病原和非生物性病原，具有潜伏侵染的现象。干、茎、枝部病害症状类型主要有腐烂、溃疡、丛枝、流胶等，发生严重时造成植物直接死亡。干、茎、枝部病害是疏导组织发生病变，防治困难，此类病害以选育抗病品种，加强养护管理，增强树势，预防为主为防治重点。

1. 黑松枯梢病

黑松枯梢病病原为松色二胞菌（*Diplodia pinea*），属于子囊菌亚门座囊菌纲葡萄座腔菌目葡萄座腔菌科色二孢属。

【寄主】黑松、马尾松、湿地松、火炬松等。

【症状】主要为害皮层，表现为顶芽枯死、枯叶、枝枯梢、软枝、生长不良等。当小枝、侧枝或枝干部发病时，其上的针叶先变为黄绿色，逐渐变褐至红褐色。枝、干的皮层组织初呈红褐色、湿腐状，不规则形，病斑扩展环切后，其上部枝叶呈枝枯状。发病后期，皮下组织散生黑色小颗粒，即子囊壳。

黑松枯梢病为害状

黑松枯梢病

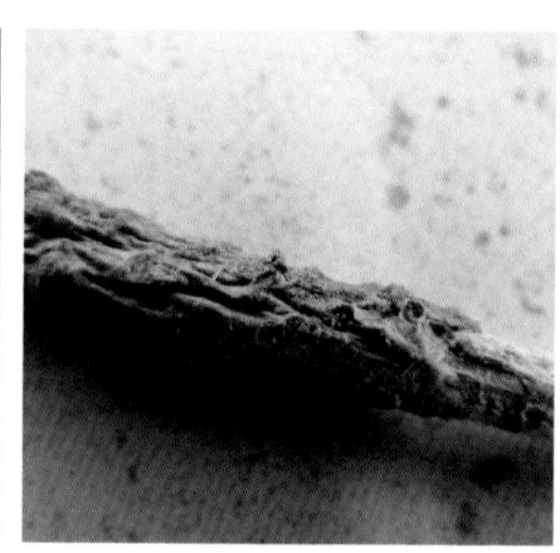

黑松枯梢病病原分生孢子器

【发病规律】病菌自叶痕侵入皮层组织内，以菌丝在树皮内越冬，翌春再显症状。病菌的子囊孢子借风力传播，子囊孢子萌发温度 15 ～ 28℃，以 25℃最适，所需湿度为 100%。生长旺盛的幼龄树受害后，易发生软化垂枝和树干弯曲。皮层内颜色逐渐变为褐色至暗褐色，并产生不明显的黑色小点，为病菌的分生孢子器。空气湿度大时，黑色小点挤出褐色丝状物，为病菌的分生孢子角。有时病枝上夹杂出现较大的黑色小突起，为病原菌的子囊壳。为害严重时整株死亡。

【防治方法】

（1）采取清除病树枯枝，培土抚育，制作鱼鳞坑和施肥，浇水等营林措施增强树势，抵御枝枯病为害。

（2）休眠期喷洒树干 1∶1∶100 的波尔多液或 3 ～ 5 度石硫合剂；在 7 ～ 8 月份子囊孢子扩散时喷洒 50% 甲基托布津、多菌灵、退菌特可湿性粉剂 500 倍液，间隔 10 ～ 15 天，连续喷洒 2 ～ 3 次。

2. 槐树烂皮病

槐树烂皮病病原有两种：一种为国槐镰刀菌（*Fusarium tricinctum*），属于半知菌类菌亚门丝孢纲瘤座孢目瘤座孢科镰刀菌属；另一种为国槐小穴壳菌（*Dothiorella gregaria*），属于半知菌亚门球壳孢目球壳孢科小穴壳属。

【寄主】槐树、龙爪槐、金叶国槐。

【症状】该病由两种病原菌分别引起两种症状类型：

镰刀菌型腐烂病为害 2 ～ 4 年生大苗的绿色主干和大树的绿色小枝，病斑多发生在剪口或坏死皮孔处，病斑初期呈浅黄褐色，近圆形，后扩展为梭型或环茎一周，长 1 ～ 5 cm，黄褐色湿腐状，稍凹陷，有酒糟味，以后病斑上长出红色分生孢子堆。若病斑未环切树干，则病部当年能愈合，以后无复发现象。个别病斑若当年愈合不好，则来年从老病斑处向四周蔓延。

槐树烂皮病

槐树烂皮病木质部黄褐色湿腐

小穴壳菌型腐烂病，初期症状与镰刀菌型腐烂病相似，但病斑颜色稍浅，且有紫褐色边缘，长可达 20 cm 以上，并可环割树干，后期病斑内长出许多小黑点，即为病菌的分生孢子器。病部后期逐渐干枯下翘或开裂成溃疡状，但病斑周围很少产生愈合组织，故来年仍有复发现象。

【发病规律】镰刀菌型腐烂病发生期比小穴壳菌型早。3 月上旬至 4 月末为发病盛期，1 ～ 2 cm 粗的绿茎，半月左右即可被病斑环切，5 ～ 6 月长出红色分生孢子座，病斑停止扩展。病菌主要从剪口处侵入，也可以从断枝、死芽、大绿叶蝉产卵痕及坏死皮孔等处侵入，潜育期约为 1 个月，具有潜伏侵染现象，即在夏秋季侵染，至翌春发病。个别老病斑，翌春也可复发。剪口过多，树势衰弱是发病的主要条件。

【防治方法】

（1）春、秋两季对苗木干部及伤口涂波尔多浆或石硫合剂保护剂，防止病菌侵染；及时剪除病枯枝，减少菌源。

（2）及时防治国槐上的叶蝉，减少侵染伤口；加强养护管理，树木复壮与治病同时进行。

（3）发病初期刮除或划破病皮，用 1∶10 浓碱水、50% 退菌特可湿性粉剂或 65% 代森锌可湿性粉剂 20 倍、70% 甲基托布津可湿性粉剂 30 倍涂病部病斑，对树干可喷洒 50% 退菌特可湿性粉剂或 70% 甲基托布津可湿性粉剂 300 倍液。

3. 海棠腐烂病

海棠腐烂病病原为苹果黑腐皮壳菌（*Valsa mali*），属于子囊菌亚门核菌纲球壳目间座壳科黑腐皮壳属。

【寄主】海棠、西府海棠、苹果、沙果等。

【症状】海棠腐烂病枝干受害可分为溃疡型和枝枯型两种类型，一般多为溃疡型。

溃疡型：主要发生在树干和大枝上，以结果树主枝与枝干分杈处最多。病斑初为圆形或椭圆形，红褐色，水渍状，逐渐组织松软，常有黄褐色汁液流出，以后皮层湿腐，有酒糟味。病皮易剥离，内部组织红褐色。后期病部失水凹陷硬化，灰褐色至黑褐色，病健交界处裂开。病皮上密生黑色小粒点，潮湿时涌出橘黄色、胶质

状孢子角。严重时，病斑扩展环绕枝干一周，受害部位上的枝干干枯死亡。

枝枯型：多发生在2～4年生的小枝条、果台、干桩等部位，以剪口处最多。病斑形状不规则，红褐色，很快扩展环绕一周，造成全枝枯死。后期病部也出现黑色小粒点。在生长衰弱的树上，枝枯型症状尤为明显，可致主枝或整株发病枯死。

海棠腐烂病

【发病规律】病菌以菌丝、分生孢子器、子囊壳在病树皮和木质部表层越冬。早春产生分生孢子，遇雨由分生孢子器挤出孢子角，分生孢子分散，借风、雨、虫传播，萌发后从皮孔、果柄痕、叶痕及各种伤口侵入树体，在侵染点潜伏，使树体普遍带菌。6～8月树皮形成落皮层时，孢子侵入并在死组织上生长，后向健康组织发展。翌春扩展迅速，形成溃疡斑。病部环缢枝干即造成枯枝死树。

【防治方法】

（1）合理修剪，调整树势；合理搭配有机肥和化肥以及氮、磷、钾肥；防止早春干旱和雨季积水；对树木进行涂白防寒，减少冻伤口。

（2）及时刮除病斑；修剪时注意清除病枝、残桩、病果台；剪下的病枝条、病死树及时清除烧毁；剪锯口及其他伤口用煤焦油或油漆封闭，减少病菌侵染途径。

（3）早春树体萌动前喷洒40%福美胂可湿性粉剂50～100倍液；3～5度石硫合剂；5%菌毒清水剂50倍液等。5～6月可用上述药剂对树体大枝干涂刷（不可喷雾），连续几年防治。

（4）在病疤周围延出0.5 cm用刀割一深达木质部的保护圈，然后将圈内的病皮和健皮彻底刮除，刮掉在塑料布上的病组织集中烧毁，对已暴露的木质部用刀深割1～1.5 cm后涂药处理。涂抹的药剂为5%菌毒清水剂50倍液、5波美度石硫合剂、40%福美胂可湿性粉剂200倍液等，处理后20天再涂1次。

（5）对影响上下养分运输过大的病斑，可于春季选1年生壮枝作为接穗，在病斑上下边缘，实行多枝桥接，绑紧即可。

4. 杨柳腐烂病

杨柳腐烂病病原为污黑腐皮壳菌（*Valsa sordida*），属于子囊菌亚门核菌纲球壳目间座壳科黑腐皮壳属。

【寄主】北京杨、毛白杨、柳等树木。

【症状】主要为害树干及枝条的树皮。发病初期树皮上出现灰褐色水渍状斑，稍微鼓起，树皮逐渐变坏腐烂，手按压树皮即流出红褐色水，有酒糟味，不久病斑下陷失水，树皮干缩，病斑逐渐扩大，多顺树干呈椭圆形或长椭圆形。后期在表皮上生出许多针头状小黑点，即分生孢子器。病斑连片，一旦病斑环绕树枝、树干，将引起上部枝叶枯死。到秋季病上还生出黑点，即子囊壳。

杨柳腐烂病

【发病规律】病菌以菌丝、子囊壳、分生孢子器在树皮病斑里过冬。翌年 4 月上旬开始活动，病斑继续扩大。4 月中旬开始传染，进行初侵染，病菌孢子借风、虫扩散到树皮上，由伤口等处侵入，夏季遇雨从分生孢子器溢出金黄色丝状卷曲的孢子角，由孢子角内放出分生孢子，再次传染为害。一年中 4 月和 8 月传染发病最严重。新移栽的树木，由于树势衰弱，再加上干旱缺水，致长期不发芽的发病就更为严重。

【防治方法】

（1）加强树木肥、水等养护管理，增强树势，增加抗病能力，特别是新移栽的

树木，要保持好苗木水分，修剪适合，及时浇水养护，促使树木快发芽。复壮是极重要的措施。

（2）树干涂 20 号石油乳剂 10 ～ 20 倍、5 波美度石硫合剂或涂白（生石灰 5 kg∶硫磺粉 1.5 kg∶食盐 2 kg∶水 36 kg），防止病菌侵入并有杀菌作用。

5. 杨树溃疡病

杨树溃疡病病原为茶藨子葡萄座腔菌（*Botryosphaeria ribis*），属于子囊菌亚门腔菌纲格孢腔菌目葡萄座腔菌科葡萄座腔菌属。

【寄主】北京杨、毛白杨、加拿大杨、柳树、核桃树等。

【症状】为害主干和枝梢。早春及晚秋，树皮上出现近圆形水渍状和水泡状病斑，病斑直径约 5 ～ 15 mm，严重时流出褐水，以后病斑下陷，边缘呈黑褐色。病斑内部坏死范围扩大，当病斑在皮下连接包围树干时，上部即枯死。翌年在枯死的树皮上出现轮生或散生小黑点，为病原菌的子座。

杨树溃疡病

杨树溃疡病病原子座

【发病规律】病菌以子座和分生孢子器在树皮内越冬，越冬的菌丝在 4 ～ 5 月份形成分生孢子器和分生孢子。病菌在 12 月上旬侵入寄主，并潜伏于寄主体内，在寄主生理失调时表现出症状。3 月下旬开始发病，4 月中旬至 5 月上旬为发病盛期，5 月中旬后病害逐渐缓慢，至 6 月初基本停止，10 月病虫害又有发展。在起苗、运输、栽植等生产过程中，创伤苗木有利于病害发生。

【防治方法】

（1）加强树木肥、水等养护管理，增强树势，增加抗病能力，特别是新移栽的树木，要保持好苗木水分，修剪适合，及时浇水养护，促使树木快发芽。复壮是极重要的措施。

（2）树干涂 10 ～ 20 倍的 20 号石油乳剂、5 波美度石硫合剂或涂白（生石灰 5 kg：硫磺粉 1.5 kg：食盐 2 kg：水 36 kg），防止病菌侵入并有杀菌作用。

6. 红松烂皮病

红松烂皮病病原为铁锈薄盘菌（*Cenangium ferruginosum*），属于子囊菌亚门盘菌纲柔膜菌目盘菌科薄盘菌属。

【寄主】白皮松、红松、黑松、赤松、油松、华山松等松属的树种。

【症状】为害松幼树的枝干皮部，严重时也能发生在干基部，引起溃疡病。感病部位以上松针变成黄绿色至灰绿色，并逐渐变成褐色至红褐色。被害枝干由于失水而收缩起皱，针叶脱落痕处稍显膨大。侧枝基部发病时，侧枝便向下垂曲。小枝基部发病，就会显示枯枝病状。主干发病时，病部流脂，发生溃疡呈烂皮状，病皮逐渐干缩下陷，流脂加剧。4 月起病部皮层产生裂缝，从其中生出黄褐色的盘状物，为病原菌的子囊盘，逐渐发育长大后，颜色变深，遇雨伸开呈盘状拥挤成丛。干燥后干缩变黑，其边缘由两侧或 3 个方向向中心卷曲。

红松烂皮病

红松烂皮病病原子囊盘

红松烂皮病流脂症状

【发病规律】病菌以菌丝体在病株病皮内越冬，翌年春出现松针枯萎病状，3～4月上、中旬，由皮下生出子囊盘。子囊盘5月下旬至6月下旬成熟，并释放孢子。子囊孢子可持续放散3个月左右。孢子借风力、雨水传播，在水湿条件下萌发后由伤口侵入植株皮中，越冬后再显病状。病原菌常在树木的下层侧枝上生存，积极分解枯枝上的死皮，促进天然整枝，所以，又称之为修枝菌。当松树因旱、涝、冻、虫、栽植过密或土壤瘠薄，导致生长衰弱时，它便能侵染衰弱的枝干皮部，引起烂皮病状。

【防治方法】

（1）适地适树，增施有机肥，及时抚育，合理整枝，清除枯立木和病树。

（2）及时防治蚜、松干蚧、松粉蚧等害虫。

（3）可用1∶1∶100波尔多液或3波美度石硫合剂喷树干，也可在7～8月子囊孢子扩散时喷洒50%托布津、多菌灵、退菌特可湿性粉剂500倍液。

7. 火炬树溃疡病

火炬树溃疡病病原（*Botryosphaeria* sp.），属于子囊菌亚门腔菌纲格孢腔菌目葡萄座腔菌科葡萄座腔菌属。

【寄主】火炬树。

【症状】主要发生于主干上，形成近圆形、直径为1 cm左右的溃疡斑。小枝受害后往往枯死。病斑的形成过程有两种类型：

火炬树溃疡病

（1）水泡型。在皮层表面形成约1 cm的圆形小泡，泡内充满树液，破后有褐色带腥臭味的树液流出。水泡失水干瘪后，形成一个圆形稍下陷的枯斑。水泡型病斑只出现于幼树树干和光皮树种的枝干上。

（2）枯斑型。先是树皮上出现数毫米大小的水浸状圆斑，稍隆起，手压有柔软感，后干缩成微陷的圆斑，黑褐色。

【发病规律】病菌主要以菌丝体在病组织内越冬，借风、雨传播。

【防治方法】

（1）在无病区建立苗圃，培养健壮苗，加强检疫，把好苗木质量关。禁用重病苗木造林或截干后定植。

（2）选育抗病树种，选用适合当地立地条件和气候条件的树种，发挥自身抗病能力。

（3）造林过程中尽量减少苗木失水，随起苗随栽植，少伤根，避免长途运输。

（4）树干涂 10 ～ 20 倍的 20 号石油乳剂、5 波美度石硫合剂或涂白（生石灰 5 kg : 硫磺粉 1.5 kg : 食盐 2 kg : 水 36 kg），防止病菌侵入并有杀菌作用。

8. 竹丛枝病

竹丛枝病病原为竹针孢座囊菌（*Aciculosporium take*），属于子囊菌亚门粪壳菌纲肉座菌目麦角菌科针孢座囊菌属。

竹丛枝病

【寄主】刚竹、淡竹、苦竹、麻竹等。

【症状】发病初期，少数竹枝发病。病枝春天不断延伸多节细弱的蔓枝，枝上有鳞片状小叶，侧枝丛生成鸟巢状或成团下垂。每年 4 ～ 6 月间，病枝顶端鞘内产生白色米粒状物，有时在 9 ～ 10 月间，新生长出来的病枝梢端的叶鞘内，也产生白色米粒状物。病株先从少数竹枝发病，数年内逐步发展到全部竹枝，最后全株枯死。

【发病规律】病害的发生是由个别竹枝发展至其他竹枝，由点扩展至片，有时从多年生的竹鞭上长出矮小而细弱的嫩竹。本病在老竹林及管理不良，生长细弱的

竹林容易发病。4 年生以上的竹子，或光照强地方的竹子，均易发病。

【防治方法】

（1）加强竹林的抚育管理，定期樵园，压土施肥，促进新竹生长。

（2）及早砍除病株，逐年反复进行，可收到良好的效果。

（3）建造新竹林时，不能在病区挖取母竹，选育抗病品种。

（4）夏季用 1% 盐酸溶解四环素粉进行注射或浸根。

9. 月季枝枯病

月季枝枯病病原为蔷薇盾壳霉（*Coniothyrium fuckelii*），属于半知菌亚门腔孢纲球壳孢目球壳孢科盾壳霉属。

【寄主】月季、蔷薇、酸枣等。

【症状】该病主要为害月季枝条、嫁接枝、扦插枝等。发病初期，枝干上出现淡黄色或浅红色的斑点，后扩大为不规则形的褐色斑。后期病斑边缘部分凸出于周边组织，中部灰白凹陷，表皮开裂，在病斑上产生针突状黑点，为病菌的分生孢子器。若病斑环绕茎部一周，则使病部以上枝叶枯死，严重影响植株生长和开花。

月季枝枯病

月季枝枯病

【发病规律】病菌以菌丝或分生孢子器在病枝上越冬。翌年早春产生分生孢子，借风雨和水溅传播成为初侵染源。一般通过休眠芽或伤口侵入而较少从无伤表皮侵入。嫁接及修剪的伤口最易感病，干旱胁迫会使病害加重。

【防治方法】

（1）及时修剪病枯枝烧毁。台风雨后的伤折枝也应剪除，剪切口尽量靠近腋芽处，并应连同部分健枝同时剪去。晴天修剪，伤口易干燥愈合。剪口用1∶1∶15的波尔多浆涂抹更佳。

（2）发病初期喷洒50%多菌灵可湿性粉剂500倍液、50%退菌特可湿性粉剂300～500倍液、75%百菌清可湿性粉剂500倍液。

10. 大叶黄杨茎腐病

大叶黄杨茎腐病病原（*Macrophomina* sp.），属于半知菌亚门腔孢纲球壳孢目球壳孢科球壳孢属。

【寄主】大叶黄杨。

【症状】初期茎部变为褐色，叶片失绿，嫩梢下垂，叶片不脱落，后期茎部受害部位变黑，皮层皱缩，内皮组织腐烂，生有许多细小的黑色小菌核，随着气温的升高，受害部位迅速发展，病菌侵入木质部，导致全株死亡。

大叶黄杨茎腐病

【发病规律】该病菌平时在土壤中营腐生生活，随着气温的升高，土壤温度也随之升高，病菌侵入苗木茎部为害。尤其在高温低洼地区，发病较为普遍。

【防治方法】

（1）加强苗木的养护管理，提高其自身抗病能力。

（2）使用充分腐熟的农家肥作为基肥，可降低苗木发病率。

（3）及时剪除发病枝条，集中烧毁。

（4）发病初期，可用毛刷涂 50% 多菌灵 20 ～ 50 倍液或 25% 敌力脱乳油（丙唑灵）20 ～ 50 倍液于发病初期的茎干处。发病盛期时，喷洒 25% 敌力脱乳油 800 ～ 1 000 倍液或 50% 退菌特粉剂 500 ～ 600 倍液，间隔 7 天，连续进行 3 ～ 4 次。

11. 枫杨丛枝病

枫杨丛枝病病原为胡桃微座孢菌（*Microstroma juglandis*），属于半知菌亚门丝孢纲瘤座孢目微座孢科微座孢属。

【寄主】枫杨。

【症状】受害病株整个枝丛颜色呈黄绿色，基部显著肿大，叶片明显小，并略有皱曲，黄绿色，多着生于粗侧枝或主干上，如扫帚状，并且主要表现在多年的大树上。发生严重时，病枝根本不开花。

枫杨丛枝病

【发病规律】病菌以分生孢子梗在病枝内越冬，翌年 5 月病叶产生白粉状子实体，病菌在病枝上可存活多年。大树感病后，并不都表现出丛枝，只有当病菌侵入枝梢和芽内时，才有丛枝现象表现。

【防治方法】

（1）加强养护管理，及时清理枯枝落叶和病残体，病丛枝要及时剪除，并烧毁。

（2）树木发芽前喷施 5 波美度的石硫合剂，或具有内吸性的 50% 特克多悬浮剂 1 500 倍液喷洒枝干。

12. 泡桐丛枝病

泡桐丛枝病是由植原体（Mycoplasma-like Organism，简称 MLO）引起的，是介于病毒和细菌之间的多形性单细胞微生物。

泡桐丛枝病

【寄主】泡桐。

【症状】腋芽和不定芽大量丛生，节间变短，叶片黄化变小，产生明脉，冬季小枝不脱落呈鸟巢状，严重的病株当年枯死，发病轻的病株几年后也会死亡。每年 7 ～ 8 月发病重。

【发病规律】MLO 主要分布在泡桐韧皮部筛管细胞内，通过筛板孔运动从而侵染整个植株。在寄主体外通过带病种根嫁接及昆虫介体（烟草盲蝽、茶翅蝽和小绿叶蝉等）传播。病原菌侵入寄主后有长期潜育现象，一般可达 2 ～ 18 个月，且在寄主体内有季节性运动现象。一般实生苗发病率低，平茬苗与留根苗发病率较高。一年中以春季和秋季发病重。

【防治方法】

（1）春季对病枝进行环状剥皮，能防止病原体向其他部位转移、扩散，达到防治效果。

（2）发病初期喷洒四环素族抗菌素 4 000 倍液。

13. 枣疯病

枣疯病病原为植原体（Mycoplasma-like Organism，简称 MLO），是介于病毒和细菌之间的多形态质粒。

【寄主】枣、酸枣。

【症状】主要表现为以下几种症状类型：① 花变叶。② 枝叶丛生。③ 根部萌发疯蘖。以上 3 种类型都出现枝条节间缩短，叶变小及黄化。④ 冬季疯枝仍保留残枯疯叶而不凋落。

枣疯病

【发病规律】类菌原体可通过嫁接和昆虫（凹缘菱纹叶蝉、橙带拟菱纹叶蝉和红闪小叶蝉）传播。枣疯病在土壤干旱瘠薄，管理粗放，树势衰弱的枣园发病重。同时，该病的发生还与枣品种、枣园的海拔、坡向有关。

【防治方法】

（1）加强栽培管理，铲除无经济价值的病株，提高树体抗病力。

（2）进行合理的环状剥皮，阻止类菌原体在植物体内的运行；用四环素类药物注入病树，有防治作用，但不能根治，复发时须再注射。

（3）4 月下旬枣树萌芽时，喷布 10% 多来宝悬浮剂 1 000 ～ 2 000 倍液防治中国拟菱纹叶蝉等初龄幼虫；5 月中旬（花前）、6 月下旬（盛花后）10% 氯氰菊酯乳油 3 000 倍液防治第 1 代若虫，兼治凹缘纹叶蝉和中国拟菱纹叶蝉成虫；7 月中旬喷 20% 速灭杀丁乳油 2 000 倍液防治中国拟菱纹叶蝉和凹缘菱纹叶蝉。

14. 松瘤锈病

松瘤锈病病原菌为松栎柱锈菌（*Cronartium quercuum*），属于担子菌亚门冬孢菌纲锈菌目栅锈科柱锈菌属。

【寄主】黑松、马尾松、黄山松、华山松、油松等松属和栎属树木。

【症状】病瘤发生在侧枝或主干上，大小不一，近圆形，直径 5 ～ 60 cm 不等，多年生。每年 2 月，从病瘤裂皮层缝处溢出黄色蜜状性孢子。至 4 月在皮下产生黄色疱状锈孢子器，散出黄粉状锈孢子。至 5 月，锈孢子随风传播，侵染转主栎属树

松瘤锈病

木，在栎叶背面，产生黄色小点状夏孢子堆，并重复侵染至7月，在夏孢子堆处产生毛发状褐色冬孢子柱，延续到9月，可使栎叶变黄枯状。

【发病规律】栎叶上的冬孢子在秋季成熟后，产生担孢子，传到松针上萌发自气孔侵入，以菌丝状态越冬，以后延伸入枝、干皮层中，经2～3年形成病瘤，并在春季产生性孢子和锈孢子，病瘤逐年增大。病害多在海拔较高的阴凉潮湿松林内发生较重，栎林以郁闭潮湿处发病较重。

【防治方法】

（1）发病松林在春季锈孢子未成熟前，铲除病瘤，以减少传播。

（2）用松焦油原液、柴油原液、松焦油、柴油混合液（1∶3）或70%百菌清乳剂300倍液，多次涂抹树干病瘤，杀死锈孢子。

（3）在适宜发病的海拔处不营造松栎混交林，在距松林1 km内不栽植转主栎类树木，可栽植枫香、五角枫、刺槐等阔叶树。

15. 桃流胶病

桃流胶病为一种非侵染性的生理性病害。

【寄主】碧桃、桃、梅花、樱花、李、杏等。

【症状】此病主要发生于树干和主枝，枝条上也可发生。枝条发病时，初在病部肿起，随后溢出淡黄色半透明的柔软树脂。树脂硬化后，成红褐色晶莹、柔软的胶块，最后变成茶褐色硬质胶块。病部皮层褐腐朽，易为腐生菌侵害。随着流胶量的增加，树势日趋衰弱，叶片变黄，严重时甚至枯死。

【发病规律】诱发此病的因素比较复杂，病虫侵害，霜、冰雹害，水分过多或不足，施肥不当，修剪过度，栽植过深，土壤黏重板结，土壤酸性太重等都能引起

桃流胶病

桃树流胶。流胶以春季发生最盛，老树、弱树比幼树易于发生。流胶的病理过程发生在幼嫩的木质部分，病部形成层停止增生新的韧皮部和木质部，而向与枝干垂直的方向增生特大的厚壁细胞，其内含物系淀粉堆集而成，当此种细胞聚集到很大数量时，其胞间物质变厚并流散，随着厚壁细胞陆续增生，胞壁中出现裂缝，与细胞膜平行，随裂缝增多，细胞壁逐渐脱落并液化，同时，细胞内淀粉也开始液化；以后由于厚壁细胞增生、胞壁液化及淀粉溶解 3 种作用同时进行，胶质亦继续产生和流出。

【防治方法】

（1）加强栽培管理，使用有机肥料，改善土壤理化性状；酸性土壤适当增加石灰和过磷酸钙，以中和土壤酸性；冬、夏注意防寒、防冻和防日灼，及时防治枝干病虫害；合理修剪，减少枝干伤口。

（2）休眠期刮除伤口处的流胶，涂 5 波美度的石硫合剂进行消毒，再涂以煤焦油加以保护，或在伤口处涂 70% 甲基托布津可湿性粉剂 500 倍液 1 ～ 2 次。

第三章　根部病害

园林植物树木根部病害的种类虽然不如叶、茎枝等部位病害多，但所造成的为害多是毁灭性的，往往导致树木的枯死。根部病害症状类型主要有根朽、根腐、枯萎、根瘤等。由于根部病害的发生与土壤的理化性状密切相关，土壤积水、干旱、板结、贫瘠等可以直接使植物生长受阻，许多侵染性病害也是在这种情况下发生和加剧的，因此，在根部病害防治中以改良土壤的理化性状、增强树木生长势、加强检疫、土壤消毒为防治重点。

1. 水杉根朽病

水杉根朽病病原为蜜环菌（*Armillariella mellea*），属于担子菌亚门层菌纲伞菌目口蘑科小蜜环菌属。

【寄主】多种阔叶树和针叶树。

【症状】病菌主要为害根部，造成根部皮层腐烂。根朽病的主要症状是皮层与木质部间充满白色至淡黄色菌丝层，菌丝呈扇状向外扩展，进而侵染木质部边材，造成海绵状腐朽。雨季或潮湿环境下，病部或断根处可产生成丛的蘑菇状子实体。病轻：冠稀、叶黄，新梢生长量小；病重：树木叶片早落，枝条枯死，甚至整株枯死。

水杉根朽病

【发病规律】病菌孢子借风传播，由菌扇菌索沿根部延伸，经活立木伤口侵入根部，菌索也可直接侵入，使植株染病，然后病害常以病株为中心，向四周蔓延。故病根与健根接触，也是传病的主要方式之一。此外，水杉林下栽植地被、过度浇水、施肥不当致根部肥害等人为因素造成的水杉根部受伤，也为根朽病病菌侵入创造有利条件。

【防治方法】

（1）适当间伐，及时清除林中病害木、衰弱木、过密的林木，以减少林内湿度，保持林内卫生。

（2）加强养护管理，低洼处做好排水，尤其雨季注意开沟排水，以防积水伤根；在树木树冠线附近增施磷、钾肥、有机肥、微肥，用量每株 3 kg。

（3）及时发现并清除中心病株或中心病区，可采用开沟（沟宽 30 ～ 40 cm）隔离病区的办法。

（4）发现病株后，及时清除病根。对整条腐烂根，须从根基砍除，并细心刮除病部，用 1% ～ 2% 硫酸铜溶液消毒，或用 40% 五氯硝基苯粉剂配成 1 : 50 的药土，混匀后施于根部。

（5）在早春、夏末、秋季及果树休眠期，在病树干基部挖 3 ～ 5 条辐射状沟，然后，浇灌 70% 甲基托布津可湿性粉剂 800 倍液、50% 多菌灵可湿性粉剂 500 倍液或 30% 恶霉灵水剂 600 倍液进行治疗。

2. 五角枫根朽病

五角枫根朽病病原为败育假蜜环菌（*Armillariella tabescens*），属于担子菌亚门层菌纲伞菌目口蘑科小蜜环菌属。

【寄主】五角枫。

【症状】病菌主要为害根颈部呈环割状，病部水渍状，紫褐色，有的溢有褐色液体，该菌能分泌果胶酶，致皮层细胞果胶质分解，使皮层形成多层薄片状扇形菌丝层，并散发出蘑菇气味，有时可见蜜黄色子实体。

五角枫根朽病

【发病规律】病菌以菌丝体、根状菌索及菌索在病株根部或残留在土壤中的根上越冬。主要靠病根或病残体与健根接触传染，病原分泌胶质粘附后，再产生小分枝直接侵入根中，也可从根部伤口侵入。

【防治方法】

（1）及时发现并清除发病区中心的病株或中心病区，可采用开沟隔离病区的办法阻止菌丝发展。

（2）适当间伐以减少林内温、湿度，保持林内卫生。

（3）发现染病后，及时清除病根。对整条腐烂根，须从根基砍除并清除病部，用 1% ～ 2% 硫酸铜溶液消毒，或用 40% 五氯硝基苯粉剂配成 1∶50 的药土，混匀后施于根部。

（4）在树干基部挖 3 ～ 5 条辐射状沟，浇灌 70% 甲基托布津可湿性粉剂 800 倍液、30% 恶霉灵水剂 600 倍液或 50% 苯菌灵可湿性粉剂 500 倍液。

3. 合欢枯萎病

合欢枯萎病病原为尖孢镰刀菌合欢专化型（*Fusarium oxysporium* Schl.f. sp. *perniciosum*），属于半知菌亚门丝孢纲瘤座孢目瘤座孢科镰孢属。

【寄主】合欢。

【症状】该病为合欢的毁灭性病害，可流行成灾。感病植株的叶片下垂呈枯萎

合欢枯萎病

病株树皮开裂腐烂

合欢枯萎病木质部变褐色

状，叶色呈淡绿色或淡黄色，后期叶片脱落，枝条开始枯死。检查植株边材，可明显地观察到受侵害部位变为褐色，叶片尚未枯萎，病株的皮孔开始肿胀并破裂，产生大量病原菌的分生孢子。病菌多由枝、干的伤口侵入，朝伤口上下蔓延，病斑下陷，病菌分生孢子堆突破皮缝，出现成堆的粉色分生孢子堆，树皮肿胀腐烂。

【发病规律】该病为系统侵染病害，病菌以菌丝体在病株内或以厚壁孢子、菌丝体在土壤中越冬。翌年春、夏季，温、湿度适宜时病菌从根部伤口或直接侵入，并顺导管向树上蔓延至干部及枝条，通过毒害和堵塞导管，进而切断水分的运输，造成枝条枯萎。雨水多、低洼地成片栽植的树木受害严重。

【防治方法】

（1）合欢枯萎病是一种系统性病害，发病重，难治愈，病害控制要立足于防，首先创造不利于发病的条件，如选择地势较高、排水良好的地块栽植，雨后注意排水，科学施肥，合理浇水，发现病株及时清除并消毒土壤，注意减少和保护伤口等，减少病害发生。

（2）生长季节未出现症状前，开穴浇灌 50% 代森铵可湿性粉剂 500 倍液、50% 托布津可湿性粉剂 500 倍液或 40% 多菌灵胶悬剂 800 倍液等。在移植时用 1% 硫酸铜溶液蘸根，枝干处的伤口涂保护剂，以防病菌侵染。

4. 雪松根腐病

雪松根腐病的病原为腐皮镰刀菌（*Fusarium solani*），属于半知菌亚门丝孢纲瘤座孢目瘤座孢科镰孢属。

【寄主】雪松。

【症状】病害主要发生在雪松根部，以新根发生为多，地上症状不明显。为害严重时，针叶黄化脱落，终致整株枯死。初期病斑浅褐色，后深褐色至黑褐色，皮层组织水渍状坏死，大树染病后在干基部以上流溢树脂，病部不凹陷；幼树染病后病部内皮层组织水渍状、软化腐烂、无恶臭，病斑则呈溃疡状，有时出现立枯；地上部分褪绿枯黄，皮层干缩；扦插苗从剪口开始，沿皮层向上，病组织呈褐色水渍状，输导组织被破坏。

【发病规律】病原为土壤习居菌，多从根尖、剪口和伤口处侵染。地下水位较高或积水地段，病株较多，土壤黏重，含水率高或肥力不足，移植伤根，均易发病。流水与带菌病土均能传播病害。

雪松根腐病

雪松根腐病流溢的树脂

雪松根腐病水渍状皮层组织

【防治方法】

（1）加强栽培管理，在雨季到来时，注意排水，避免土壤过湿，以防根部腐烂；同时，可增施速效肥，通常可用 1% ～ 2% 尿素浇灌根际有良好作用，促进树木生长，提高抗病力。

（2）在雪松根腐病重发区，在病害发生期到来之前，施用 90% 乙膦铝可湿性粉剂 20g 或 70% 敌克松可湿性粉剂，剂量为 10 g/m^2，加水混合浇灌根际，每月 1 次，促进树林生长，提高抗病能力，同时起到对症下药的作用。前期苗木保护预防，在发病初期（6 ～ 8 月）可向根部土中浇灌 90% 乙膦铝可湿性粉剂 1 000 倍液、30% 恶霉灵水剂 600 倍液、25% 瑞毒霉可湿性粉剂 1 000 倍液或 70% 敌克松可湿性粉剂 500 倍液，每月浇灌 1 次。

5. 紫荆枯萎病

紫荆枯萎病病原为尖孢镰刀菌（*Fusarium oxysporum*），属于半知菌亚门丝孢纲瘤座孢目瘤座孢科镰孢属。

【寄主】紫荆。

【症状】病菌从根部侵入，沿导管蔓延至植株顶端。地上部先从叶片尖端开始变黄，逐渐枯萎、脱落，并可造成枝条，甚至整株枯死。一般先从个别枝条发病，后逐渐发展至整丛枯死。剥开树皮，可见，木质部有黄褐色纵条纹，其横断面导管周围可见到黄褐色轮纹状坏死斑。

紫荆枯萎病

紫荆枯萎病维管束变色环状斑

紫荆枯萎病维管束黄褐色条纹

【发病规律】病菌以菌丝体及厚垣孢子在土壤中或病株残体上越冬，存活时间较长，翌年 6 ～ 7 月，病菌借地下害虫及水流传播侵染根部，破坏植株的维管束组织，沿导管蔓延至植株顶部，造成植株萎蔫，最后枯死。土壤微酸性，利于发病。发病的适宜温度为 28℃。主要通过土壤、地下害虫、灌溉水传播。一般 6 ～ 7 月发病较重。

【防治方法】

（1）加强养护管理，增强树势，提高植株抗病能力。避免使用未腐熟肥料，以减少病菌侵染的机会。

（2）苗圃地注意轮作，紫荆育苗应避免连续使用感病苗圃。及时剪除枯死的病枝、病株，集中烧毁，并用 70% 五氯硝基苯或 3% 硫酸亚铁消毒处理。发病严重的苗圃，应进行土壤消毒。

（3）及时除去重病株，并用少量 10% 五氯硝基苯粉剂消毒，或 2% 硫酸亚铁水溶液浇灌，以浸湿周周土壤为宜。

（4）可用 50% 福美双可湿性粉剂 200 倍液、50% 多菌灵可湿性粉剂 400 倍液、30% 恶霉灵水剂 600 倍液或用抗霉菌素 120 水剂 100 mg/kg 药液灌根。

6. 龙柏白纹羽病

龙柏白纹羽病病原为褐座坚壳（*Rosellinia necatrix*），属于子囊菌亚门核菌纲球壳菌目球壳菌科座坚壳属真菌。

【寄主】龙柏、云杉、日本五针松、雪松、大叶黄杨、茶、梅、桃、腊梅、柳、榆、槭等。

【症状】主要发生在树木根部，须根发病后逐渐向侧根和主根蔓延。其发病特征是病部组织干缩纵裂，表面有柔嫩的根状菌索缠绕，菌索初为白色，后变为灰褐色至棕褐色，以后根部腐烂，造成皮层脱离，根部吸收功能严重丧失。发病轻者生长不良，树势衰弱，重者整株死亡。

龙柏白纹羽病

龙柏白纹羽病菌丝

龙柏白纹羽病菌索

【发病规律】病菌以菌丝体、子囊壳、菌核和菌索在病组织及土壤内越冬。菌核和菌索在土壤中可存活多年。病菌的休眠、繁殖与传播，主要通过土壤中的菌丝体、菌核和子囊壳。病原菌只能从根部侵染，菌丝体自植株根部表面皮孔侵入，根部死亡后，菌丝穿出皮层，在表面缠结成菌索，菌索可以蔓延到根际土壤中，或铺展在树干基部的土表。病害一般于3月中下旬发生，10月以后病害停止发展，6～8月为发病盛期。

【防治方法】

（1）加强养护管理，注意雨后的低洼地排水；合理施肥，尤其增施复合肥，促

进根系生长强壮；改良和疏松土壤，以提高植株的抗病力；新绿化种植时，要选择无病苗木；已发生严重植株，应及时伐除，并烧毁。

（2）发病轻的根部浇灌 30% 恶霉灵水剂 600 ～ 800 倍液或 70% 敌磺钠可溶粉剂 800 ～ 1 000 倍液，让药液接触到受损的根茎部位，间隔 7 ～ 10 天，连续灌根 2 ～ 3 次。对于根系受损严重的，配合使用促根调节剂使用，恢复效果明显。

7. 樱花根癌病

樱花根癌病病原为根癌土壤杆菌（*Agrobacterium tumefaciens*），属于细菌。

【寄主】樱花、月季、蔷薇、梅花、丁香等 300 多种植物。

【症状】主要发生在根颈处，也可发生在根部及地上部。发病初期出现近圆形的小瘤状物，以后逐渐增大、变硬，表面粗糙、龟裂、颜色由浅变为深褐色或黑褐色，樱花瘤内部木质化，瘤大小不等，癌瘤可小如豆或大如拳或更大，数目几个到十几个不等。由于根系受到破坏，故造成病株生长缓慢，重者全株死亡。

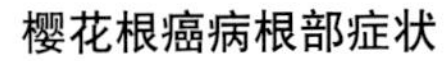
樱花根癌病根部症状

樱花根癌病树干症状

【发病规律】该病原在癌瘤组织的皮层内或土壤中越冬，通过雨水、灌溉水、远距离苗木带菌、人为因素、虫或根结线虫等造成伤口传播；在 10 ～ 34℃范围内生存，最适温度 22℃，低于 18℃或高于 30℃不易成瘤；耐酸碱范围 pH 值 5.7 ～ 9.2，在 pH 值 6.2 ～ 8 可致病；在偏碱性黏重的连作地，湿度越高发病越重；在疏松的沙壤土地发病少。

【防治方法】

（1）对出圃或外来苗木加强检疫，丢弃病株，发现可疑苗木，应用 1% 硫酸铜液浸根 5 min，再放入 2% 石灰水中浸泡 1 min，也可直接用链霉素溶液泡 30 min 栽植观察。

（2）施用 3% 呋喃丹颗粒剂，30 ～ 50 g/m^2，翻地 15 ～ 20 cm 后浇透水杀灭根结线虫及地老虎等地下害虫；嫁接应避免伤口接触土壤，嫁接工具可用 75% 酒精或 1% 甲醛液消毒。

（3）发现病株，应将肿瘤与其周围一并切除，伤口可用医用高度碘酒或用链霉素 400 国际单位消毒后涂凡士林封闭；病株周围可一次施入硫磺，50 ～ 100 g/m^2，并灌注 20% 土霸可湿性粉剂 500 倍液或 14% 多效灵水剂 150 倍液消毒，以后每半月浇灌消毒液 1 次，连续 3 ～ 4 次，在癌瘤切除 20 天后浇灌 50% 吲萘粉剂 100 ～ 150 mg/kg 液以促进植株根系生长，复壮病株。其他处理同前，治疗在早春或夏季根系进入旺盛生长前进行效果较佳。

参考文献

[1] 魏景超. 1979. 真菌鉴定手册 [M]. 上海：上海科学技术出版社.
[2] 戴芳澜. 1979. 中国真菌总汇 [M]. 北京：科学出版社.
[3] 邓叔群. 1964. 中国真菌 [M]. 北京：科学出版社.
[4] 北京林学院. 1981. 林木病理学 [M]. 北京：中国林业出版社.
[5] 中国林业科学研究所. 1982. 中国森林病害 [M]. 北京：中国林业出版社.
[6] 邵力平，沈端祥，张素轩. 1984. 真菌分类学 [M]. 北京：中国林业出版社.
[7] 张宝棣. 1999. 花木病虫害原色图谱 [M]. 北京：中国林业出版社.
[8] 宋瑞清，董爱荣. 2001. 城市绿地植物病害及其防治 [M]. 广州：广州科技出版社.
[9] 邱强，李贵宝，员连国，等. 1998. 花卉病虫原色图谱 [M]. 北京：中国林业出版社.
[10] 杨子琦，曹华国. 2002. 园林植物病虫害防治图鉴 [M]. 北京：中国建材工业出版社.
[11] 姚欣，王维甲. 2011. 法桐白粉病的发生与防治 [J]. 现代园艺，(3)：45.
[12] 董彦才. 1993. 柳叶锈病及其防治研究 [J]. 山东林业科技，(3)：53-55.
[13] 曾世华. 2008. 腊梅病虫害防治措施 [J]. 农村科技，(2)：30.
[14] 吴小芹. 1999. 全球松树枯梢病发生状况与防治策略 [J]. 世界林业研究，(1)：16-21.
[15] 林志伟. 2006. 厦门市桂花病虫害种类及防治 [J]. 亚热带植物科学，35(3)：51-53.
[16] 栗子亮. 2010. 月季常见病虫害及其防治 [J]. 中国园艺文摘，(2)：99-100.
[17] 朱克恭. 1987. 水杉赤枯病病原初探 [J]. 南京林业大学学报，(3)：29-34.
[18] 任国兰，时向阳，郑铁民，等. 雪松叶枯病病原菌及其生物学特性 [J]. 华北农

学报，9（3）：76-80.

[19] 焦月川，付甫永. 2009. 遵义县杜仲病虫害调查及防治对策 [J]. 中国农村小康科技，（7）：63-65.

[20] 鞠国柱，项存悌，季良杞，等. 1979. 红松根朽病的研究 [J]. 东北林学院学报，（2）：49-55.

[21] 张成丕，陈保光，董晓彤，等. 2010. 园林绿化树种水杉根朽病发生及防治 [J]. 现代园艺，（9）：44.

[22] 王柏泉，徐明飞，谭贤玉，等. 2004. 日本落叶松根腐病发生为害及其防治 [J]. 植物保护，30（5）：73-75.

[23] 荒木隆男，许云龙. 1983. 紫纹羽病和白纹羽病的发生与土壤条件关系的研究 [J]. 河北林业科技，（3）：38-40.